# TRANSMISSION

## DES FORCES EXTÉRIEURES

### AU TRAVERS

# DES CORPS SOLIDES

PAR

## M. A. LEGER

EXTRAIT des Mémoires de la Société des Ingénieurs civils.

## PARIS

### E. CAPIOMONT & V. RENAULT

IMPRIMEURS DE LA SOCIÉTÉ DES INGÉNIEURS CIVILS

6, rue des Poitevins, 6

# TRANSMISSION DES FORCES EXTÉRIEURES

## AU TRAVERS

# DES CORPS SOLIDES

### Par M. A. LEGER.

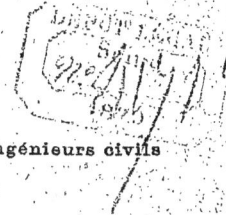

EXTRAIT des Mémoires de la Société des Ingénieurs civils

> Il faut continuellement rappeler notre esprit à l'expérience, à l'examen détaillé de la nature; c'est le seul moyen de nous garantir contre l'erreur.  (De Dion.)
> (*Discours d'inauguration*, 1877.)

Dans une précédente étude, la lumière polarisée nous a servi à analyser la *constitution moléculaire des corps trempés;* elle nous a permis de démontrer directement que la trempe produit un véritable frettage permanent des corps auxquels elle est appliquée. Au cours de ces recherches, nous avons dû étudier le cheminement des forces extérieures au travers des corps non trempés, pour arriver à faire la synthèse du système de forces extérieures que reproduit artificiellement un état moléculaire analogue à celui que provoque la trempe.

Les résultats intéressants que nous avons obtenus, nous ont encouragé à reprendre et à généraliser ces observations, à analyser sous leur forme sensible les principaux faits de la résistance intime ou moléculaire des matériaux, à vérifier ou à rectifier les hypothèses sur lesquelles reposent les plus importantes théories, appuyées souvent jusqu'ici sur les seules observations possibles de déformations superficielles. Nous avons ainsi entrepris de passer en revue la transmission intérieure des forces appliquées aux solides dans les quatre ordres de déformation que l'Ingénieur soumet à ses calculs : *compression, extension, flexion, torsion.*

Les déformations moléculaires produites sur diverses matières par

1

des efforts semblables et semblablement appliqués sont certainement comparables et ne diffèrent que par leur valeur relative ; ces actions sont régies par un petit nombre de lois générales qui peuvent intervenir avec des prédominences diverses en passant d'un corps à l'autre, mais manifestent toujours leur inséparable influence. C'est ainsi que l'acier, la fonte, le verre (on ne résiste plus guère à l'admettre) se présentent avec des propriétés physiques de même ordre, quoique de degrés différents : ils s'allongent, fléchissent, se contractent, se tordent, par exemple, plus ou moins dans les mêmes circonstances, mais toujours de la même façon ; ils jouissent même tous ensemble de cette propriété, la plus singulière et la plus capricieuse de toutes, la faculté de se *tremper*.

Dans ce concert, le verre semble fait tout exprès pour trahir les secrets des déformations intimes sous l'action des forces extérieures, en raison de ses deux propriétés précieuses : la *transparence* et la *bi-réfringence* de ses parties soumises à un effort.

Pour les corps fibreux, comme le bois, le fer laminé, etc., il est difficile de faire des observations sur des corps transparents similaires ; le mica, le gypse s'écrasent aux points pressés sous des efforts très faibles, avant de rien laisser apparaître. Toutefois, l'analogie complète trouvée entre les figures polarisées produites dans le verre et les déformations matérielles observées sous des efforts identiques dans des corps formés de lames de plomb juxtaposées concentriques, pourrait autoriser déjà l'induction qui étendrait à tous les corps, grenus, fibreux, lamellaires, les indications précieuses que va nous fournir l'étude du verre ; nous tenterons de démontrer directement l'exactitude de cette assimilation générale.

*Polarisation*.—Nous n'avons pas à refaire ici l'histoire des phénomènes de polarisation ; nous allons rappeler brièvement les propriétés dont nous nous proposons de tirer parti

Les matières bi-réfringentes taillées en lames minces, comme le mica, le gypse, le spath d'Islande, le cristal de roche, le verre (quand il est trempé, comprimé ou dilaté) colorent la lumière polarisée qui les traverse.

La lumière polarisée s'obtient facilement par le passage de la lumière naturelle ou artificielle, par réfraction, au travers d'un premier cristal bi-réfringent (quartz, tourmaline, mica, etc.), ou par réflexion sous un angle convenable sur un miroir noir, glace polie ou pile de glaces (sous l'angle de 35°); cette partie de l'appareil est le *polariseur*.

Pour que les phénomènes de polarisation chromatique soient nettement perçus par l'œil, il faut observer les rayons polarisés, après leur passage à travers le corps étudié, à l'aide d'un *analyseur*, comme un prisme de Nicol, qui recompose les vibrations déviées suivant deux directions rectangulaires dans la substance bi-réfringente, et les ramène dans un plan commun.

La lumière polarisée a permis de vérifier l'unité parfaite des lois physiques qui président à la transmission des vibrations lumineuses, sonores et calorifiques au travers des corps; on peut aujourd'hui, sans trop de hardiesse, l'appliquer à l'étude des vibrations mécaniques suscitées sur leur passage par les forces qui traversent ces mêmes corps, et admettre que les réactions moléculaires sont toujours étroitement associées dans ces quatre ordres de phénomènes.

*Colorations produites.* — Les irisations du verre trempé ou comprimé apparaissent particulièrement vives pour deux positions du prisme de Nicol : la section principale (menée par les petites diagonales du rhombe) étant normale ou bien parallèle au plan de polarisation, que nous supposerons, dans tout ce qui va suivre, *vertical*, c'est-à-dire normal à un miroir plan disposé horizontalement; toutefois, dans l'une et l'autre position, les colorations obtenues à la même place sont complémentaires les unes des autres.

Dans un barreau de verre non trempé ou libre de toute action extérieure, la section apparaît, dans la lumière polarisée (fig. 1, pl. 135), uniformément claire et vitreuse, comme à l'œil nu, absolument *neutre*. Mais si ce barreau est trempé, ou si, non trempé, il est fretté ou soumis à une suite continue de forces normales à la surface extérieure, le plan principal de l'analyseur étant maintenu vertical, la section apparaît comme remplie de lumière blanchâtre ou *laiteuse*, quand la compression est médiocre; remplie d'anneaux concentriques irisés lorsque la pression ou la trempe est plus forte, et dans tous les cas l'image est nettement recroisée par une croix obscure.

Si, pour la même position du Nicol, on tourne sur lui-même le cylindre de verre, le spectre ne varie pas, la croix noire parcourt successivement toute la section en gardant ses branches dans les plans, vertical et horizontal, fixes de polarisation.

Si, au contraire, le Nicol tourne de 90° sur le barreau maintenu fixe, l'image se brouille; mais, quand le plan principal est devenu horizontal, la croix est devenue laiteuse, le reste de la section est devenu obscur, de laiteux qu'il était précédemment, ou bien les irisations se présentent avec les mêmes anneaux aux mêmes placés, mais de couleurs complémentaires des premières.

Quand le barreau non trempé est simplement comprimé suivant un diamètre unique, vertical, on aperçoit des ellipses en queue-de-paon tangentes aux points pressés, et englobées dans une ellipse laiteuse dont le grand axe est la ligne pressée (fig. 2), ellipse recroisée encore par une croix obscure: au delà la lumière est neutre; c'est l'apparence obtenue quand le plan principal du Nicol est vertical; quand le diamètre pressé est tourné horizontalement, l'aspect ne change pas.

Si le Nicol tourne de 90°, on a l'image complémentaire; entre ces positions rectangulaires du barreau et du Nicol, la section se présente brouillée, remplie de lumière laiteuse, et la croix obscure disparaît pour faire place à des courbes hyperboliques dont la croix primitive représente les asymptotes.

**Discussion des colorations et irisations obtenues.** — Comment interpréter, rapportées toujours à une même position du prisme (plan principal ou diamétral *vertical*), ces diverses apparences, lumière laiteuse ou irisée, parties obscures?

Nous savons déjà que les parties *neutres* marquent les points en équilibre naturel parfait.

Dans le cylindre trempé ou fretté, soumis à une suite d'efforts dirigés suivant les rayons, pendant que le barreau tourne sur lui-même, la croix obscure est *folle*, elle appartient à tous les systèmes de diamètres rectangulaires qui viennent se présenter tour à tour dans les plans rectangulaires de polarisation; mais ces diamètres conjugués qui portent la croix obscure, sont pressés alors parallèlement ou normalement aux plans de polarisation, tandis que, en dehors, dans les parties latérales, les rayons obliques à ces plans, pressés suivant leur direction, oblique aussi, sont marqués par la lumière laiteuse ou irisée.

Nous pouvons citer d'autres observations concordantes.

Pour le cylindre pressé suivant un diamètre unique, ou deux diamètres rectangulaires, la croix obscure attachée à ce ou à ces diamètres (fig. 2 et 3), quand ils se trouvent dans les plans de polarisation, disparaît et devient laiteuse dès qu'ils en sortent et deviennent obliques à ces plans; en raison de la symétrie de la figure par rapport aux deux axes de l'ellipse marqués par les branches de la croix, aux lignes de contact des quatre secteurs, il se produit évidemment des actions et réactions normales aux lignes de joint; ce sont les parties soumises à ces efforts ou à ces vibrations parallèles aux plans de polarisation qui restent obscures; dans la rotation du cylindre, en s'inclinant sur ces plans, ces points deviennent laiteux, jusqu'à ce que le système de leurs diamètres rectangulaires revienne de nouveau dans celui des plans de polarisation.

Dans ces positions obliques du diamètre pressé, on aperçoit des courbes obscures régulières (hyperboles), qui sont le lien ou l'enveloppe des points soumis à des efforts ou à des vibrations parallèles aux plans de polarisation.

Dans un prisme droit pressé contre un plan par une force unique (fig.8), on trouve encore une zone obscure le long de la surface d'appui avec une branche unique abaissée du point d'application sur la face appuyée; c'est une modification de la demi-figure semblable que l'on obtenait avec deux forces diamétralement opposées.

La force appliquée se transmet d'abord aux points touchés par une série double ou triple d'ondes elliptiques irisées; ces ondes ne sont pas de simples apparences d'optique: le verre s'écaille suivant leur contour, en se détachant suivant des surfaces ondulées et ridées de véritables vagues persillées de stries divergentes. Au delà des auréoles elliptiques en œil-de-paon, la force se propage vers la base d'appui ou le petit axe de symétrie, non pas en lignes droites, mais en se diffusant suivant des courbes en $S$ ou en queue-de-triton divergentes, que nous retrouverons toujours, ce que vérifient d'ailleurs les stries observées sur le verre après la cassure. Dans les parties médianes, les forces moléculaires se rapprochent des plans de polarisation, et il est facile d'expliquer les vibrations rectangulaires qu'elles accusent: dans le sens de la force, on a les pressions directement transmises par cette force ou par le plan d'appui, transversalement, on trouve les tensions résultant du gonflement qui tend à séparer les deux queues-de-triton latérales. C'est cette tension transversale qui produit la rupture de la pièce suivant le prolongement de la force, cassure nette, sans fragments ni esquilles, comme résultant d'une détente brusque, à la suite de laquelle la croix disparaît presque complètement.

Les branches verticale et horizontale de la croix présentent souvent des colorations d'intensités différentes, ou sur la même branche les intensités vont en s'affaiblissant à partir des points d'application des forces extérieures ; on en peut conclure que les vibrations sont plus intenses dans une direction que dans l'autre, ou que ces vibrations diminuent d'intensité à mesure qu'on s'éloigne des points touchés ; la force appliquée se diffuse, se perd dans la masse et sur la surface inté-ressée de la base ; par les colorations moins vives d'une plaque de verre formant l'appui, on peut vérifier que, sur le prolongement de la force, la base est moins fortement pressée qu'à droite et à gauche, aux points de tangence des courbes en S.

Les lignes de séparation des parties laiteuses d'avec les parties obscu-res ou les parties neutres, lignes suivant lesquelles les forces intérieu-res éprouvent des changements brusques de direction, sont les lignes de cisaillement intérieur, de voilement ou de rupture, comme le véri-fient les expériences.

*Intensité et gamme des colorations.* — Dans ces obser-vations, il importe de bien distinguer les parties *obscures* (dont la teinte se rapproche de la coloration lie-de-vin pure ou *teinte neutre* un peu rougeâtre) et qui marquent les points dont les réactions moléculaires vibrent dans les plans parallèles aux plans de polarisation, des parties claires ou *neutres* à la lumière polarisée. Faute d'avoir nettement dis-tingué ces deux indications si différentes, quelques expérimentateurs ont mal *lu* dans le verre, et ont été conduits à des conclusions absolu-ment erronées.

La *lumière laiteuse* marque la première intensité des efforts obliques ou diffus, ou vibrant dans des plans obliques aux plans de polarisation; les forces intérieures croissant, on voit apparaître successivement, à la suite du *laiteux*, la gamme chromatique suivante : *jaune-orangé-rouge-violet-bleu-vert.* La zone *obscure* se teinte également, sous des efforts croissants, dans la gamme complémentaire correspondante : *violet-bleu-vert-jaune-orangé-rouge.*

Le Nicol tourné à 90° donne aux mêmes plans les virements complé-mentaires des colorations primitives, le laiteux devenant obscur, le jaune violet, etc., et *vice versâ*.

Ces colorations, indices certains de pressions croissantes, permettent d'estimer d'un point à un autre les variations de pressions relatives.

Les zones laiteuses pâlissent sur les bords et sont parfois, pour des pressions faibles, difficiles à limiter; on y parvient en faisant tourner le Nicol : cette rotation projette des courbes sombres plus apparentes qui circonscrivent plus nettement les parties primitivement laiteuses.

***Verre trempé.*** — On trouve souvent, comme nous l'avons établi ailleurs, des verres naturellement et inégalement trempés par le refroidissement à l'air ou par le moulage dans des masses plus froides, trempes que le recuit ne parvient pas toujours à effacer; il faut s'assurer, en vue des expériences que nous allons indiquer, de pièces non trempées, sans quoi les irisations de la trempe viendraient se superposer à celles dues aux actions extérieures, et brouiller ou fausser les résultats. Certaines déductions erronées ont eu pour cause certaine quelque fâcheuse influence de cette nature.

Ce mode d'analyse va nous permettre d'isoler d'un seul coup, dans un solide soumis à l'action de forces extérieures, comme des charges isolées ou réparties et des réactions d'appui, par exemple :

1° Les zones *neutres* ou indifférentes aux actions extérieures;

2° Celles qui sont le siège de forces ou de vibrations intérieures *horizontales* ou *verticales;*

3° Celles que traversent des forces ou des vibrations *obliques,*

et nous retracera les lieux de ces divers groupes ou faisceaux de forces à l'intérieur du corps considéré, et en quelque sorte l'anatomie de la constitution moléculaire sous l'effort des forces appliquées.

Nous allons, à la clarté de la lumière polarisée, passer en revue les principaux problèmes de la Résistance des matériaux, en n'abordant, dans ce premier essai, que les cas les plus classiques de la pratique courante; nous chercherons à découvrir, par cette analyse plus intime, les divers modes de transmission des forces extérieures, les véritables déformations intérieures, points sur lesquels nous avons été jusqu'ici réduits aux conjectures, et à vérifier l'exactitude des hypothèses admises par les théories mathématiques que la mécanique rationnelle met au service de l'Ingénieur.

# I. — COMPRESSION.

Pour le verre, la compression est plus facile à observer que l'extension, contrairement à ce qui se passe pour les autres corps. Pour étudier la traction, il est difficile de fixer des lames de verre, qui glissent entre les mâchoires des étaux sous les charges capables de provoquer les irisations, ou qui s'écrasent sous les pressions nécessaires pour assurer une adhérence suffisante. Les efforts de compression sont plus faciles à produire, à régler au moyen d'étaux, de colliers à vis, permettant de porter sans secousse la charge jusqu'à la limite de rupture.

Dans tous les exemples qui vont suivre, les figures polarisées se développent en restant semblables à elles-mêmes à mesure que les efforts grandissent; nous prendrons généralement le phénomène près de la rupture pour avoir des images plus nettes et plus tranchées; cet état limite est d'ailleurs celui dont on doit le plus se préoccuper.

***Cas d'un solide pressé par deux forces diamétralement opposées.*** — Dans une étude antérieure[1], nous avons examiné incidemment les effets produits par deux forces diamétralement opposées agissant sur un cercle, un carré, un rectangle, puis l'action de deux forces pressant les extrémités de deux diamètres rectangulaires. Nous ne les décrirons pas de nouveau; nous reprendrons seulement, pour les compléter, les expériences faites sur deux forces opposées, avant de passer aux cas les plus ordinaires de la pratique, de solides pressés sur leur base inférieure par des forces isolées ou par des forces uniformément réparties agissant sur leur base supérieure.

Lorsque deux forces opposées agissent aux extrémités d'un diamètre, d'un cercle, d'un carré ou d'un rectangle (fig. 2, 4, 5, 6), il se forme à chaque extrémité une série (au moins double) d'ellipses croissantes irisées des couleurs les plus vives du spectre, toutes tangentes aux points touchés et marchant les unes vers les autres; le système est tra-

[1] *Constitution moléculaire des corps trempés*, pages 7 et suivantes.

versé par une croix obscure, et fondu dans une ellipse générale laiteuse qui a pour grand axe le diamètre touché et dont le petit axe grandit avec la pression, sans jamais dépasser, au moment de la rupture, les 4/5 du grand axe. Au delà de cette grande ellipse, le verre se présente neutre à la lumière polarisée.

Les ondes irisées sont le lieu des points le plus vivement pressés par des forces obliques, la lumière laiteuse marque les points intéressés par d'autres forces obliques plus diffusées dans la masse; la croix obscure circonscrit la zone sollicitée par des efforts normaux ou parallèles aux plans de polarisation.

Si l'on coupe latéralement la plaque, le prisme ou le cylindre suivant les lignes A'D', C'B' ou $ad$ (fig. 6) parallèles ou obliques à l'axe, la courbure de l'ellipse au sommet ne change pas, la figure polarisée est seulement tronquée; la lumière laiteuse devient toutefois plus vive dans la partie diminuée, l'effort par unité de surface croissant pour la section transversale moindre.

Les pressions extérieures[1] se transmettent visiblement de O en O', à travers le corps, non pas suivant des lignes droites, mais suivant des ondes elliptiques divergentes, sensibles par les traces polarisées avant rupture, et, après cassure, visibles souvent à l'œil nu par les stries apparentes suivant les mêmes directions; ces ondes viennent se rencontrer et se *butter* dans la zone marquée par la branche obscure horizontale, zone de redressement normal de ces forces ou vibrations obliques, en produisant un gonflement ou refoulement transversal, une poussée au vide, comme le produirait une pression analogue sur un ellipsoïde semblable creux et élastique. La branche verticale obscure est le lieu des points comprimés dans le sens des forces extérieures appliquées, et sollicités en outre par cet effort transversal, qui produit suivant cette branche verticale une rupture très franche, sans les esquilles que produirait un simple écrasement direct suivant cette direction.

Si la longueur du solide est très grande par rapport à sa largeur ou à son diamètre, on a encore aux extrémités vers les points d'application des forces extérieures (fig. 7), comme bases constantes de diffu-

1. On peut démontrer que les pressions extérieures ne se transmettent pas suivant le diamètre commun O O' : lorsqu'on évide ou perce la plaque sur ce diamètre O O', les pressions ne peuvent plus se transmettre d'une extrémité à l'autre de ce diamètre, la figure polarisée ne change pas.

sion des forces, les demi-ellipses laiteuses, avec les auréoles irisées et les amorces de la croix obscure, mais entre ces deux têtes, en remplacement de la simple branche horizontale de la croix, on trouve intercalée une zone plus haute de lumière violette, marquant le redressement dans une direction longitudinale des forces obliquement venues des deux foyers de diffusion.

Si le solide pressé se compose de prismes ou de cylindres superposés, comme les assises d'une maçonnerie ou d'une colonne, la transmission intérieure ne se produit plus comme dans une masse continue ; nous étudierons ultérieurement cette application.

Dans tous les cas où le solide supporte l'effort d'une force isolée, si la section transversale du solide est irrégulière, polygonale ou dissymétrique par rapport à la direction prolongée de cette force, ou se trouve discontinue (en croix, à nervures, etc.), la pression se propage au travers du corps, à partir du point d'application, suivant un ellipsoïde ou un solide de révolution dont le méridien est donné par l'épanouissement de la figure polarisée dans la plus grande section droite libre du solide pressé, et le solide polarisé se trouve lui-même tronqué ou évidé suivant les troncatures et les évidements du corps comprimé ; l'examen d'un rectangle sous ses différentes faces le montre nettement.

### *Cas d'un solide pressé par une force isolée contre un plan*. 
— Lorsque les solides sont pressés normalement par une force isolée contre une base fixe, on doit considérer plusieurs cas, suivant que le diamètre de la surface d'appui est inférieur, égal ou supérieur à la hauteur du solide.

#### 1° *Diamètre de l'appui inférieur ou égal à la hauteur.*

*a)* — Si ce diamètre est compris entre la hauteur et sa moitié, on voit apparaître au point touché les auréoles irisées, et la première moitié de l'ellipse générale laiteuse se prolonge en se recourbant de part et d'autre en S ou en queue-de-triton pour aller se terminer vers les angles de la base inférieure (fig. 8), les deux ailes étant séparées et comme rejetées par une demi-croix obscure, formée encore par le resserrement de deux courbes hyperboliques accolées ; les angles de la base, comme en porte-à-faux, offrent des apparences d'œils-de-paon, avec amorces de branches obscures, indices d'une compression plus vive en ces points mal soutenus vers le vide.

On aperçoit nettement, dès ce premier exemple, une distinction bien tranchée entre les modes de transmission intérieure d'une pression appliquée en un point et d'une pression agissant sur une surface : la pression originelle se divise toujours en deux courants curvilignes, convergeant vers le point pressé dans le premier cas, divergeant vers les extrémités de la base dans l'autre.

Si l'intensité de la force augmente, les ailes de la courbe en S se teintent en jaune, etc., suivant la gamme indiquée, pendant que la croix passe elle-même au violet, etc.

Si le diamètre du solide surpasse celui de la base d'appui, l'ellipse dépasse l'aplomb de cet appui, par un renflement transversal dont le diamètre peut atteindre jusqu'aux $\frac{3}{2}$ de celui de l'appui.

Si, latéralement, le solide était coupé par des plans verticaux ou obliques, tels que $\alpha\beta$, $\gamma\delta$, ou s'il affectait un profil quelconque comme A B C (fig. 8), la coupe polarisée serait simplement tronquée suivant ces profils, avec augmentation de teinte vers la partie réduite ; il en serait de même si la force n'agissait pas sur le centre de figure de la base supérieure.

*b*) — Quand le diamètre de la base d'appui est plus petit que la moitié de la hauteur, on aperçoit, entre les deux amorces caractéristiques des plans et des points pressés, une zone horizontale obscure, qui croît en hauteur à mesure que la hauteur du solide augmente par rapport à la base.

Ainsi les têtes ou amorces, vers les bases, aux deux origines de la diffusion des forces, sont des figures à peu près constantes (fig. 10), fonctions de la largeur de l'appui, figures qui se raccordent et se fondent quand la hauteur du solide ne dépasse pas le diamètre du plan d'appui ; si la hauteur est plus grande, les deux zones extrêmes de diffusion laissent entre elles une partie intercalaire plus ou moins haute, sombre comme l'ancienne branche horizontale de la croix obscure ; cette zone intermédiaire d'une teinte assez régulière, obscure ou violette, suivant l'intensité de la pression, est le lieu des forces ramenées à vibrer parallèlement aux plans de polarisation avec une répartition assez uniforme.

Si le solide est plus large que la base d'appui, on observe encore un renflement d'un diamètre supérieur, d'environ la moitié, à celui de la base.

Si le solide ne dépasse pas en largeur le diamètre de la base, comme dans le cas d'un poteau, d'un pilier, d'une colonne, etc., la figure polarisée reste la même que précédemment, mais tronquée latéralement à l'aplomb de l'appui (fig. 11, pl. 135); la partie médiane prend une teinte violette, indice d'une pression plus grande causée par la réduction de section transversale.

Si la force ne pressait pas la base normalement, ou si cette base était oblique par rapport à l'axe du solide, la figure polarisée se présenterait non plus symétrique, mais contournée et fléchie (fig. 12, pl. 135), la ligne médiane obscure serait courbée, et les ailes latérales seraient déformées dans ce mouvement.

Comme d'ordinaire, pour affirmer que ces images ne sont pas de simples jeux d'optique, les ruptures se font, dans tous les cas, en suivant la ligne médiane, généralement marquée par une raie plus intense, ou suivant les lignes de séparation des parties laiteuses d'avec les parties neutres ou obscures, et les lignes de fracture épousent les courbures des ondes polarisées.

Dans ces expériences, si le corps qui forme l'appui de la base, au lieu d'être constitué par une substance au moins aussi dure, aussi résistante que le verre, est plus malléable ou se trouve séparé du solide par un garnissage quelconque plus ou moins élastique ou compressible, on n'a plus à la base les figures décrites avec leurs deux queues-de-triton isolées par une zone obscure, marquant par leurs couleurs des tensions bien tranchées : on observe alors une teinte beaucoup plus égale, obscure ou violette, suivant la pression, manifestant des tensions intérieures beaucoup plus égales et mieux réparties, comme on les trouve dans la partie intercalaire des solides élancés.

#### 2° *Diamètre de l'appui supérieur à la hauteur du solide.*

Si la base pressée est, au contraire, plus grande que la hauteur, la figure polarisée s'épate dans le sens de la base.

Tant que le diamètre de la base pressée ne dépasse pas environ deux fois et demie la hauteur du solide, on observe, à partir de l'œil-de-paon, au point d'application de la force (fig. 13), un segment d'ellipse laiteuse tangente à la base supérieure et ayant pour corde inférieurement le diamètre pressé ; ce segment est occupé par une demi-croix obscure.

Vers les extrémités de la base, on voit apparaître les indices de plus grande pression, œils-de-paon avec barres obscures, etc.

Si la base d'appui est très grande par rapport à la hauteur et se trouve constituée par une substance moins compressible que le verre, la base du segment elliptique n'offre pas un diamètre supérieur à *deux fois et demie* la hauteur, et les extrémités laiteuses s'éteignent naturellement sans œils-de-paon.

Lorsque la base supérieure est pressée, non pas en un point, mais suivant une surface de diamètre $d$, la pression gagne la base inférieure suivant les mêmes courbures latérales, et va intéresser sur cette base une zone de diamètre D tel que la différence $D - d$ ne dépasse pas *deux fois et demie* la hauteur du solide.

Si la base d'appui est plus compressible que le verre, la zone intéressée s'étend plus loin, et la figure polarisée présente une modification importante : au lieu d'avoir, de part et d'autre de l'œil-de-paon du point touché, une courbe laiteuse, elliptique, continue, convexe, formée de deux S tangentes à la base supérieure, on obtient alors deux courbes laiteuses concaves à double courbure (fig. 14), qui s'échappent en rebroussement du point touché comme deux branches d'accolade ; ce sont encore deux S, mais renversées et reposant leurs pointes normalement au point touché et aux extrémités de la base ; ces deux courbes enferment encore entre elles une demi-croix obscure, les reins dans la partie concave sont marqués par une teinte sombre qui complète alors le contour elliptique continu tangent au point touché. C'est un nouveau type de figure polarisée caractéristique qui se rencontrera fréquemment par la suite dans l'étude des phénomènes de flexion.

Les cassures se produisent sur le milieu des branches verticales sombres, ou plus souvent encore, pour les solides longs surtout, suivant les lignes de séparation des parties obscures et des parties laiteuses (fig. 10, pl. 135), en isolant alors au milieu une aiguille correspondant à la branche verticale obscure.

***Cas d'un solide comprimé entre ses deux bases.***
— Si le solide est pressé entre deux plans parallèles, on voit apparaître vers chacune des bases la figure caractéristique de la surface comprimée.

Si le diamètre du solide est plus grand que le diamètre d'appui, la lumière polarisée se diffuse au delà des appuis suivant un renflement elliptique présentant au maximum suivant l'axe transversal, comme nous l'avons observé pour deux forces diamétralement opposées, un excédant sur le diamètre des appuis ne dépassant par les $\frac{4}{5}$ de la hauteur du solide.

Si les plans compresseurs ont une dureté égale ou supérieure à celle du verre (fig. 15), les doubles queues-de-triton laiteuses qui partent des arêtes se rencontrent sur un renflement commun vers l'extérieur et vers l'intérieur à la section médiane, en enserrant entre elles une queue d'hironde et une traverse obscures; vers les arêtes on aperçoit des apparences d'œils-de-paon.

Quand la compression croît, les parties laiteuses se colorent en orangé, vers les bases pressées.

Si le solide s'allonge, on obtient encore vers les têtes les doubles queues-de-triton symétriques avec la bande longitudinale obscure (fig. 17, pl. 135), mais la traverse augmente de hauteur.

Quand les bases sont pressées par des plaques plus élastiques ou compressibles que le verre, égalisant mieux sur toute la surface la pression transmise, les colorations se fondent (fig. 16), et l'on observe des teintes obscures ou violettes plus étendues et plus uniformes.

Si les surfaces comprimantes étaient de l'une à l'autre base irrégulièrement dures, au lieu des figures symétriques précédentes (fig. 18), on aurait des têtes dissymétriques par rapport à la section transversale médiane, et la double queue d'hironde appuierait sa base la moins large sur la surface la plus dure.

Les solides éclatent latéralement en dégageant la double queue d'hironde obscure suivant la gorge marquée par la surface séparative du noyau obscur d'avec le bourrelet laiteux qui l'entoure; ce qu'Hodgkinson avait obtenu dans certains cas, en écrasant de petits cylindres en fonte (fig. 17 bis, pl. 135).

Si les bases du solide sont comprimées sur toute leur surface, les diffusions laiteuses manquant d'espace latéralement pour se produire, sont ramenées et redressées dans la largeur restreinte du solide, et l'on n'aperçoit plus que des teintes obscures ou violettes.

Si la pression vient à croître, la teinte générale, d'obscure qu'elle était, se zèbre de queues-de-triton se développant d'une base à l'autre et offrant des colorations diverses, bleuâtres, rougeâtres et même verdâtres, marquant des pressions d'intensité variable; aux surfaces séparatives de ces zones se trouvent des surfaces de rupture (fig. 23 *bis*), et à leur rencontre avec la surface latérale du solide se dessinent ces lignes ou fissures imbriquées qu'obtenait encore Hodgkinson dans ses essais de rupture de cylindres en fonte.

Dans toutes ces expériences sur les pressions transmises de surface à surface, il faut obtenir un contact parfait entre les faces bien dégauchies et même rodées des solides en verre et des plaques, sans quoi la plus imperceptible saillie deviendrait un centre de pression, comme le ferait une force isolée, et brouillerait ou fausserait les résultats. La sensibilité du verre pour ces actions est extrême; on en peut d'ailleurs tirer un excellent parti, en se servant de la gamme des colorations croissantes qui se développent sous des efforts un peu variables, pour mesurer les intensités relatives des forces qui agissent aux divers points d'un plan donné.

*Cas d'un solide évidé.*—Si le solide est évidé, comme une colonne creuse, et chargé suivant ses deux bases, on aperçoit des amorces d'œils-de-paon vers chaque arête extérieure et intérieure (fig. 19), puis un renflement laiteux vers l'extérieur séparé par une ligne sombre, bombée elle-même dans le même sens, de couches successives présentant des irisations ascendantes, violet, orangé, etc., à mesure qu'elles se rapprochent de la surface intérieure; on retrouve là, transporté sur le seul anneau restant, ce que l'on observait dans la colonne pleine.

*Poinçonnage.* — Le solide peut être comprimé sur sa base supérieure par un plan limité, tandis que sa base inférieure repose sur un appui évidé, comme il arrive dans le cas du poinçonnage.

On observe alors, dans une section méridienne, à partir de la base supérieure, une double queue-de-triton laiteuse ou teintée très renflée à l'origine, allant reposer son extrémité vers le bord tranchant ou l'arête vive de l'évidement (fig. 20); sous cette pression, l'œil-de-paon apparaît avec sa traverse obscure; entre les deux branches se développe une queue d'hironde dissymétrique obscure. Le renflement extérieur fait tout à fait pressentir le renflement latéral de matière, dont les expériences de M. Tresca ont rendu compte (fig. 23, pl. 135)[1].

1. M. Tresca a bien voulu sanctionner nos observations et confirmer le fait de la localisation de la pression au pourtour des surfaces d'appui, en faisant remarquer que, dans le

Les études sur la flexion ramèneront des figures semblables.

*Cisaillement.* — Cette queue-de-triton fortement renflée dans le sens transversal et vivement teintée caractérise les efforts qui se transmettent d'une arête fixe à une autre au travers des corps (fig. 21, pl. 135); on la rencontre dans tous les cas de cisaillement.

*Solide composé d'éléments superposés.* — Si le solide est composé d'éléments superposés, exactement jointifs et soumis à l'action d'une force appuyant l'ensemble contre un plan fixe, on se trouve en présence de plusieurs des cas étudiés précédemment : l'élément supérieur présente l'œil-de-paon au point pressé et les deux queues-de-triton convexes ou concaves suivant l'étendue de sa base inférieure (fig. 22); l'élément intermédiaire offre l'exemple du solide symétriquement comprimé suivant ses deux bases; l'élément inférieur présentera la même figure symétrique, si le plan fixe possède une dureté égale ou supérieure à celle du verre; si l'appui est plus compressible, on aura la figure indiquée pour ce cas particulier.

Sur le prolongement de la force extérieure, on n'aperçoit sur la deuxième plaque ni œil-de-paon ni coloration plus vive qui marque là une pression plus grande transmise directement au travers de la plaque supérieure.

*Vérifications et expériences antérieures.* — Ces ondes polarisées ne sont pas, nous le répétons, de simples jeux de lumière engendrés par quelque orientation intime des cristaux élémentaires comme dans le spath, le quartz, le mica, etc.; elles sont étroitement liées à la nouvelle constitution moléculaire du corps sous l'action des forces extérieures, et, après la cassure, on peut voir les sections apparaître ondulées et ridées, suivant les dernières figures polarisées du verre intact, et des gerbes de stries traverser ces ondes ou ces vagues dans le sens de la diffusion des forces intérieures; ces ondes marquent la déformation limite qui a précédé la fracture.

Ces déformations intérieures, révélées et circonscrites par la lumière polarisée, ont été vérifiées encore d'une façon tangible par d'autres expériences. Le gonflement transversal d'un solide sous un effort réparti sur ses deux bases, phénomène inverse du rétrécissement ou

poinçonnage, la face postérieure de la débouchure est toujours concave, bien que la face du poinçon soit plane.

striction dans l'extension, a été établi d'ailleurs par M. Tresca, dans ses belles expériences sur la compression et l'écoulement des solides (fig. 23); en comprimant un tube creux formé d'anneaux de plomb jointifs et concentriques, M. Tresca obtenait exactement le profil extérieur que donne la lumière polarisée; la constance des résultats obtenus dans deux cas aussi dissemblables, avec un corps homogène et bien soudé d'une part, et un corps lamellaire de l'autre, peut encourager à généraliser les phénomènes observés et à les admettre, dans les cas les plus divers, pour les corps fibreux, lamellaires, aussi bien que pour les corps grenus ou cristallins.

Les expériences de Vicat[1] et les observations précédentes ne viennent pas confirmer l'opinion de Gauthey et de Rondelet estimant qu'un cube de matière tendre ou granuleuse soumis à l'écrasement se divise en six pyramides ayant les six faces pour bases et leur sommet commun au centre du cube.

D'après l'image obtenue dans la section droite d'un cube pressé, suivant deux bases, on a une double pyramide ou plutôt une double queue d'hironde quadrangulaire, à section méridienne hyperbolique, dont les bases n'embrassent pas toute la surface des bases du cube; cette zone obscure est le lieu des points sollicités par des efforts parallèles aux faces du cube; tout autour, en bourrelet quadrangulaire, la zone laiteuse, renflée, est le siège des forces intérieures diffusées; la rupture se fera suivant une section droite médiane par longs éclats ou fentes de bas en haut, comme pour les pierres dures, ou par séparation et coincement des deux pyramides opposées, comme l'ont obtenu Vicat, de Dion et d'autres expérimentateurs, en opérant sur des prismes en pierre tendre ou en plâtre, ou enfin par le seul éclatement des bourrelets latéraux (correspondant aux parties laiteuses) dégageant plus ou moins également la double pyramide en queue d'hironde centrale, (correspondant à la partie obscure) comme l'a observé Hodgkinson[2] en écrasant des cylindres en fonte (fig. 17 bis, pl. 135).

D'autres fois, sur des prismes ou cylindres en fonte, on obtient la cassure en biseau ou en sifflet tracée en pointillé (fig. 16), suivant le plan oblique de rupture ou de glissement auquel avait été conduit

1. *Annales des ponts et chaussées*, année 1833, 2e semestre, pages 201 et suivantes.
2. *Report of the commissionners appointed to inquire into the application of iron railway structures*, London, 1849.

Coulomb[1] en analysant les phénomènes de rupture par compression, M. Thomasset a obtenu couramment ces cassures obliques, qu'Hodgkinson avait rencontrées aussi, mais d'une façon, ce semble, exceptionnelle. On pourrait expliquer ce clivage par le décollement ou le glissement suivant deux faces opposées de la double pyramide en queue d'hironde, avec rupture du noyau central dans sa partie rétrécie ou de moindre résistance.

M. Nickerson, dans un court essai sur l'état moléculaire des corps soumis à des forces extérieures[2], a dit qu'une lame de verre comprimée entre les mâchoires d'un étau, présente aux faces pressées deux bandes claires ou colorées, séparées l'une de l'autre par une bande obscure; à mesure que la pression augmente, les bandes extrêmes se colorent et s'élargissent en empiétant sur la région qu'il appelle *sombre* ou *neutre*.

M. Nickerson confondait évidemment les zones obscures et les zones neutres; de plus, nous n'avons jamais obtenu, aussi bien avec une plaque de glace à tranche polie qu'avec une lame posée de champ entre les mâchoires d'un étau, la figure indiquée: la bande obscure est toujours normale aux faces pressées; l'erreur de M. Nickerson provient sans doute de ce que sa lame à plat avait des bords irréguliers qui, par réfraction, donnaient des images complètement déformées.

La ligne *obscure* n'est pas du reste une zone *neutre*: une zone neutre, libre de toute force ou action intérieure, reste claire et vitreuse pour toutes les positions du Nicol, tandis que les zones obscures donnent des masses laiteuses ou colorées, vues au prisme oblique; nous avons donné une explication, calquée sur les faits, des efforts intérieurs caractérisés par ces zones sombres; et l'on ne peut se représenter d'ailleurs qu'une lame mince pressée fortement dans un étau ait une zone médiane neutre; que deviendraient donc les actions reçues par les surfaces? Au point de rencontre des deux systèmes de forces intérieures opposées, obliques, diffusées, quelconques, il y a certainement une ligne sollicitée par des actions et des réactions normales à cette ligne médiane; c'est la zone obscure, mais non point une zone neutre. Il faut aussi bien s'assurer que les pressions des mâchoires de l'étau sont bien réparties, qu'il n'existe pas de grains saillants qui

1. Académie des Sciences. *Mémoires des savants étrangers*. Tome VII. 1776.
2. *Mémoires de la Société des Ingénieurs civils*, mars 1873.

agissent comme des forces isolées en donnant des auréoles, des ellipses et des croix obscures plus ou moins complètes.

Nous verrons plus loin que pour la flexion, les observations de l'ingénieur américain ont été entachées d'erreurs pareilles.

***Conséquences pratiques.*** — L'examen des images polarisées obtenues à l'intérieur des corps transparents révèle les avantages ou les dangers que peut présenter l'application à un corps solide d'un effort donné, selon que cette force agit en un point ou qu'elle est répartie sur toute la surface d'une base par l'intermédiaire d'un autre corps compressible ou non.

Les colorations très vives ou très tranchées que l'on peut observer d'un point à un autre dénotent des états moléculaires, des tensions très variables de direction ou d'intensité, circonstance évidemment déplorable pour l'équilibre général et la bonne résistance du solide.

L'application de la force en un seul point d'une base plane, courbe ou hémisphérique, en engendrant ces auréoles elliptiques de très grande tension, présente les conditions les plus fâcheuses, comme l'avait vérifié, d'autre part, Hodgkinson.

La répartition de l'effort isolé sur la surface de la base supérieure, par l'intermédiaire d'un corps moins compressible que le solide, améliore déjà les conditions de résistance en supprimant les tensions très vives et dangereuses, et en intéressant un plus grand nombre de points ; mais elle conserve des tensions compromettantes vers les arêtes extérieures, et laisse subsister une zone intermédiaire obscure, avec des surfaces de séparation tranchées entre elles et les zones latérales laiteuses.

La répartition la plus égale, marquée par les teintes les plus fondues, et par suite le meilleur état d'équilibre intérieur sont obtenus visiblement par l'interposition d'un corps plus compressible.

Les pressions agissant hors de l'axe ou obliquement aux bases, développent de part et d'autre des tensions intérieures inégales et des courbures dangereuses.

Dans tous les cas, il se produit vers le milieu de la hauteur une tendance au gonflement transversal.

Comme conséquence pratique, on vérifie ainsi combien il est avantageux d'*asseoir* un effort par la plus grande surface possible avec interposition d'un corps relativement compressible, (garnissage en plomb, en mortier, etc.), qui se tasse aux points plus pressés jusqu'au nivellement plus ou moins parfait des efforts répartis.

Si la pression est transmise par un corps moins compressible, il faut abattre les angles des arêtes par des chanfreins, des congés ou des arrondissements, pour supprimer le porte-à-faux, ou bien il faut les soutenir par un frettage (baguette, tore, quart de rond ou talon). Théoriquement, il conviendrait encore de donner à la plaque d'appui un bombement ou une convexité excessivement faible : la pression isolée se transmettant par les deux ailes, la plaque porte latéralement comme une selle en appuyant moins au milieu; on égaliserait mieux les pressions en augmentant très légèrement au milieu, sur le prolongement de la force, l'épaisseur de la plaque sans arriver cependant aux auréoles elliptiques; de cette façon on déchargerait un peu les ailes, on chargerait un peu plus le milieu, et on arriverait à une plus égale répartition intérieure.

Dans les constructions, on peut toujours prévoir le cas le plus défavorable, celui d'une pression mal répartie, n'intéressant qu'une partie des bases ou ne portant même que sur quelques points isolés (cales, graviers dans les joints, etc.) : il se produirait alors ou latéralement des bourrelets laiteux, ou vers les bases des auréoles et des queues-de-triton de diffusion oblique, avec tendance à la rupture ou au *décollement* suivant les lignes séparatives des zones laiteuse et obscure; il conviendrait alors, dans tous les cas, de renforcer le pilier (colonne, poteau, etc.), par une frette placée à moins d'un demi-diamètre environ ou d'un module à partir de chacune des bases, comme une double astragale.

Quant au gonflement transversal, commun à tous les cas, on devrait en défendre les solides par un frettage, cerclage ou renforcement, rapporté ou venu de fonte ou de taille vers le milieu de la longueur, en surplus des astragales dont nous avons parlé plus haut et qui ont plus spécialement la mission de s'opposer aux décollements possibles des ailes ou queues-de-triton obliques ou de diffusion vers les deux bases.

Si l'on est maître du profil à donner au support, il faut s'inspirer du tracé dicté par la lumière polarisée, marquant par une teinte uniforme toute la zone que les pressions intérieures savent se tailler elles-mêmes pour transmettre dans les meilleures conditions d'équilibre les pressions reçues par les bases : le profil extérieur a une courbure elliptique symétrique, donnant au milieu, pour les charges pratiques de sécurité, un renflement total de diamètre à peu près égal aux 4/5 du diamètre des bases.

Le renflement des pièces destinées à résister à des efforts de compression longitudinale, bielles, colonnes, etc., est en conséquence une disposition fort rationnelle.

M. Nickerson, en opérant des compressions sur des cylindres ou barreaux de verre, a remarqué des anneaux colorés aux extrémités formant des vagues à la surface, et a cru reconnaître, en comprimant longitudinalement des tubes en cuivre, que ces tubes s'affaissaient en présentant des baguettes ou bourrelets repoussés, correspondant à ces anneaux ; il recommandait, en conséquence, pour résister à ces déformations, d'armer de cercles ou de frettes les colonnes vers ces sections menacées.

Nous n'avons jamais observé ces vagues irisées que dans les compressions par des forces appliquées en un point, et encore ces auréoles ne s'étendent-elles pas jusqu'à la surface latérale.

M. Nickerson a pu être trompé par des irisations et auréoles propres à la trempe, et les barreaux de verre que l'on trouve dans le commerce sont presque toujours trempés naturellement par le fait de leur mode de fabrication ; les images sont en outre faussées par la réfraction du contour cylindrique au travers duquel on les observe. Hodgkinson n'a observé, dans l'écrasement longitudinal des colonnes en fer creux (fig. 19 *bis*), la production de ces anneaux repoussés qu'à moins d'un demi-diamètre des bases ; ce refoulement est provoqué là, par l'obliquité des efforts diffusés (fig. 19) ; on pourrait trouver encore un phénomène semblable vers les deux régions où les ailes laiteuses venues des bases se fondent dans la zone médiane obscure, sections pour lesquelles les forces intérieures obliques sont ramenées à être parallèles à l'axe, déviations qui affaiblissent la résistance de ces sections (fig. 17, pl. 135).

Pour les embases, plaques d'armatures, etc., destinées à répartir des efforts isolés sur des surfaces données, les profils des figures polarisées donnent les meilleurs tracés utiles, sans excédant de matière, pour la transmission naturelle des efforts ; ce sont, suivant les cas, des profils en scoties, en arcs elliptiques, en branches d'accolades, en S ; il sera toujours bon d'interposer un garnissage compressible, et, dans tous les cas, pour bien utiliser la surface d'appui, en dehors des calculs de flexion, de donner à l'embase ou à l'armature une hauteur ou épaisseur, au point d'application de l'effort, d'*au moins* $\frac{1}{2,5}$ de la largeur ou du diamètre.

L'étendue de la base intéressée variera avec la nature du corps soumis à l'effort; elle sera, par exemple, une fonction du coefficient d'élasticité, E : ce coefficient varie pour le verre de 7,700 à 10,000 par millimètre carré; il est de 5,400 pour le cristal, 9,000 pour la fonte, 19,000 pour le fer, de 20 à 30,000 pour l'acier; les corps qui offriront à la déformation une résistance plus grande que le verre, comme le fer et l'acier, répartiront les actions transmises sur une plus grande surface que le verre, ceux qui ont un coefficient plus faible, étendront moins largement la base intéressée; d'après leurs coefficients, la fonte, le zinc donneraient un résultat presque égal, mais le bois, le plomb auraient une base d'action plus restreinte, pour une même hauteur d'embase.

Pour les corps habituellement employés, le rapport, 2.5, du diamètre de la base à la hauteur est un *minimum;* s'il y avait interposition d'un garnissage compressible, la surface intéressée serait considérablement étendue.

Comme vérification, dans le rivetage de tôles d'épaisseur $e$, on donne d'ordinaire au rivet un diamètre $d = 2\,e$, à la tête un diamètre $d' = 1,66.\, d = 3,33 \times e$; d'après ce que nous avons dit, pour le coefficient d'élasticité du fer, plus grand que celui du verre, la pression s'étendra à la face du joint intermédiaire sur un diamètre D tel que $D - d'$ soit *plus grand* que $2,5 \times e$; le diamètre intérieur D sera plus grand que $e \times (3,33 + 2.5)$ ou $5,88 \times e$, soit $6 \times e$ environ, précisément l'écartement pratique donné aux axes des rivets; les pressions émanées de deux rivets voisins se recouvriront, et la clouûre dans ces conditions sera étanche.

**Loi du Trapèze.** — Pour reconnaître si les constructions maçonnées sont convenablement établies au point de vue de la résistance des matériaux, on a dû faire une hypothèse sur la répartition des pressions à la surface des joints : on suppose que cette répartition s'effectue suivant la *loi du trapèze.*

Si une face ou un joint AB de largeur $a$ est pressé normalement par une force ou une résultante P (fig. 25), ne passant pas en son milieu, mais à une distance d'une arête, $c < \dfrac{a}{2}$, on admet que la pression se répartira sur une partie A D du joint égale à 3 $c$, et suivant les ordonnées d'un triangle A CD, passant de la pression élémentaire maximum en A, AC, qui ne devra pas excéder l'effort de sécurité R par unité de surface, à une pression nulle en D ; la somme des pressions élémentaires sera représentée par la surface du triangle et égale à P :

$$\frac{3\,c\,\mathrm{R}}{2} = \mathrm{P}.$$

Toute la partie latérale AE pouvant résister aussi bien que l'arête A, à la pression de sécurité R, AE peut en réalité supporter l'effort

$$c\,\mathrm{R} = \frac{2}{3}\,\mathrm{P}.$$

D'où, l'on conclut cette loi : pour que, à la surface d'un solide comprimé, l'arête la plus voisine du point d'application de la force ne soit pas écrasée, il faut que la partie comprise entre cette arête et la force soit capable de supporter avec sécurité les $\dfrac{2}{3}$ de l'effort total.

L'observation du phénomène par le moyen de la polarisation confirme-t-elle cette condition, admise par la pratique?

Si nous considérons un prisme A B A′ B′ (fig. 26), pressant une surface A′ B′ sous l'action d'une force donnée F (sans tenir compte du poids du solide), dans le prisme l'effort appliqué se partage, comme on l'a vu, en deux ondes égales qui reportent et répartissent la force extérieure, à droite et à gauche de la direction prolongée de F, jusqu'à la base A′ B′ ; du côté B′ le joint sera intéressé sur une longueur O′ B′ déterminée d'après la hauteur O O′, et la pression totale supportée par O′ B′, sera égale à celle de O′ A′, et la moitié de F ; l'arête A′ en porte-à-faux sera particulièrement chargée comme le montre l'œil-de-paon polarisé qui s'y développe.

Quant à la façon dont la pression émanée de O, après s'être dispersée entre A B A′ B′, viendra rencontrer la face A′ B′ de l'appui inférieur, on a vu, par les images polarisées de cette plaque de support, que la pression en O′ est toujours plus faible qu'à droite et à gauche ; on peut même la considérer comme nulle en O′ ; en effet, si l'on perce la plaque ou le prisme d'un trou sur le trajet O O' (fig. 26 *bis*), on interrompt bien évidemment toute transmission directe de la pression de O à O', et pourtant la figure polarisée obtenue précédemment avec sa répartition et le contour des parties laiteuses ou obscures, ne change pas, sauf l'apparition autour du trou d'un trèfle obscur, caractéristique d'un évidement dans tout corps pressé. Il en sera de même si le trou est percé à la base, vers O'.

La force originelle F se transmet donc à cette base comme par une selle ou un chevalet à deux patins; il sera toujours plus prudent de considérer la pression comme nulle en O', et se répartissant sur les parties intéressées de la base suivant les ordonnées de deux triangles ayant O' comme sommet commun, et comme ordonnée maxima A'a, la résistance de sécurité R à l'arête la plus rapprochée de O' ou la plus chargée.

Dans ce triangle O'A'a, on doit avoir : $\dfrac{Rc}{2} = \dfrac{F}{2}$, $Rc = F$, la plus petite surface latérale intéressée doit être capable de supporter avec sécurité la *pression tout entière*, condition de plus grande sécurité que celle déduite de la loi dite *du trapèze* qui conduit à prendre seulement :

$$Rc = \frac{2}{3}F,$$

c'est-à-dire la plus petite surface latérale capable de supporter les *deux tiers* seulement de la charge totale.

## II. — **EXTENSION.**

Les phénomènes de polarisation que l'extension peut produire dans le verre, sont plus délicats à obtenir que les autres, en raison de la difficulté que l'on éprouve à fixer les lames soumises à la traction : les serrages nécessaires pour retenir les pièces les écrasent, et les épaulements de retenue se cassent facilement à la moindre traction en porte-à-faux.

Nous avons pu vérifier toutefois que la traction reproduit, dans les circonstances comparables, les phénomènes obtenus précédemment par compression.

Si l'on prend une plaque carrée, évidée circulairement (fig. 28), et qu'on la dilate en la refoulant par un tampon conique ou bien en chauffant le bord intérieur, on aperçoit un bourrelet de lumière laiteuse, traversé par une croix obscure folle, se dessiner tout autour, marquant un refoulement rayonnant et local des premières couches concentriques sous la pression développée ; en continuant à presser ou à chauffer, le bourrelet s'élargit de proche en proche, jusqu'à gagner et remplir les quatre onglets quadrangulaires ; la figure est alors traversée par une croix obscure, mais fixée et dirigée suivant les deux diamètres du carré. En poussant plus loin, on arrive aux irisations et aux queues-de-paon que nous avons décrites dans une précédente étude. Ce sont les figures que l'on obtenait par la trempe ou par le frettage continu de l'enveloppe extérieure ; la polarisation dénonce donc par les mêmes signes sensibles les phénomènes inverses ou réciproques de compression et d'extension.

Si l'on soumet une plaque à la traction de deux forces opposées fixées à deux trous percés dans cette plaque, on voit apparaître, à partir des points touchés, deux segments elliptiques avec barre obscure (fig. 29), comme dans le cas de la compression par une force isolée, puis, en sens inverse, dans l'espace qui sépare les deux trous, deux autres segments elliptiques marchant à la rencontre l'un de l'autre, tout comme dans la compression de cette zone par deux forces isolées diamétralement opposées : en complétant la figure, on aurait la croix obscure à branche horizontale plus ou moins épaisse.

Les deux segments elliptiques opposés et tangents aux points d'application sont séparés par deux onglets triangulaires obscurs, l'ensemble constituant autour de chaque évidement une sorte de croix de Malte de parties laiteuses et de parties obscures. La rupture se fait au droit du trou, dans la partie affaiblie, avant que la coloration polarisée puisse teinter toute la plaque ; cette rupture se fait ou par section droite dans la zone violette, ou bien suit d'abord quelque temps les lignes séparatives des parties laiteuses et des parties obscures pour s'achever ensuite en section droite au travers du violet.

Entre les points de traction, l'analogie de la figure avec celle obtenue naguère par compression, vient encore démontrer que les deux actions extérieures exercent des déformations intérieures de même ordre, mais réciproques ou inverses, et que la polarisation confond en les accusant d'une façon identique.

Dans le dernier cas, il y a prépondérance de la traction à la section médiane de la pièce, là où dominait précédemment la compression ; suivant la ligne qui joint les deux forces, il y a maintenant compression de part et d'autre, au lieu de dilatation comme autrefois ; cette compression latérale de l'extérieur vers l'intérieur engendre la striction.

Lorsque la traction s'exerce sur toute la largeur des bases, on a encore, tout comme dans le cas de la pression uniformément répartie, une queue d'hironde longitudinale obscure (fig. 30) ou même violette, et latéralement deux arcs convexes, laiteux ou orangés suivant les efforts en jeu, avec des œils-de-paon aux arêtes moins soutenues des deux bases.

Si l'une des extrémités était encastrée, on aurait dans l'encastrement la figure caractéristique en queue-de-triton que nous aurons fréquemment à analyser par la suite, et cette figure se souderait à celle de la traction.

Dans tous ces cas, les cassures s'opèrent en suivant les sections droites des zones obscures, ou suivant les autres lignes de moindre résistance séparatives des parties laiteuses et des parties obscures.

Dans les assemblages par axes, boulons, rivets, etc., résistant, non par l'adhérence due au serrage, mais par cisaillement, il est important que les rivets garnissent le mieux possible des trous soigneusement percés, pour assurer le plus large contact possible, car s'il y avait appui seulement sur un arc très petit (fig. 27), il se déclarerait là des pressions locales considérables comme celles dénoncées par les œils-de-paon, avec des lignes de moindre résistance sur les contours, par suite des séparations ou des fissures entre les zones juxtaposées inégalement ou différemment tendues : de telles fissures se propagent dans la masse et provoquent la rupture ou la déchirure complète, alors que l'équilibre normal paraît parfaitement assuré.

### III. — FLEXION.

Nous rappellerons sommairement sur quelles données expérimentales et hypothétiques repose la théorie de la *flexion plane*.

D'après la forme sensible que prend une poutre droite chargée et posée sur deux appuis, Galilée, Mariotte et Leibnitz avaient essayé de fixer les règles de la déformation, en admettant que toutes les fibres allaient en s'allongeant à partir de la forme concave, qui n'était pas modifiée dans sa longueur.

Cherchant les conditions d'équilibre entre les forces extérieures et intérieures pour une section déterminée, Galilée supposait que la résistance moléculaire par unité de surface T était constante pour tous les points de la section d'un solide rectangulaire de largeur $b$ et de hauteur $h$, et prenant pour axe l'arête inférieure de cette section, $P\,l$ étant le moment de la force extérieure P agissant à une distance $l$ de la section, il posait ainsi l'équation des moments :

$$T\,b\,\frac{h^2}{2} = P\,l.$$

Mariotte et Leibnitz plaçaient bien encore l'axe des moments au même point, mais ils supposaient que la force T était proportionnelle à la distance de la tranche considérée à l'axe; en conséquence, ils modifiaient ainsi l'équation précédente :

$$T\,b\,\frac{h^2}{3} = P\,l.$$

Avec une intuition et une clarté admirables, dans un mémoire oublié ou trop peu connu [1], Coulomb analysait, il y a cent ans, le problème avec toute la rigueur que l'on connaît de nos jours : il établissait que la rupture ne peut se produire autour de l'arête inférieure, mais autour d'un axe intérieur, et que la somme des *momentum* des ten-

---

[1]. Académie des sciences, *Mémoires des savants étrangers*, tome VII, 1776.

sions et des pressions moléculaires développées autour de cet axe, doit être égale à la somme des *momentum* des forces extérieures ; il ajoutait les deux conditions que les sommes des projections de toutes les forces intérieures et extérieures sur deux plans, vertical et horizontal, soient nulles.

C'est l'analyse que Navier ne fit que reproduire, lorsque, plaçant l'axe de rotation au milieu de la section, il donna, pour le cas précédent, l'expression actuelle :

$$\mathrm{T}\, b\, \frac{h^2}{6} = \mathrm{P}\, l.$$

Pour faire accepter, à la suite de Coulomb, ces notions exactes, il fallut les expériences que nous allons résumer.

Duhamel du Monceau, en entaillant plus ou moins profondément la face supérieure d'une poutre en bois posée sur deux appuis, et en mesurant les flexions, montra que l'extension ne partait pas de la face supérieure et qu'il se produisait une compression du côté de la face concave.

MM. Dupin et Duleau, en mesurant plus tard sur des solides fléchis les distances comprises entre des lignes préalablement tracées, normales aux deux faces supérieure et inférieure, établirent que l'allongement de la partie convexe est égal au raccourcissement de la partie concave, et qu'il doit exister une ligne longitudinale intermédiaire dont la longueur reste constante pendant la flexion.

En 1842, Hodgkinson admettait que cette ligne ou *axe neutre* se relève, quand la charge augmente, et remonte jusqu'à 1/7 de la hauteur à partir de la base supérieure.

MM. Dupin et Richard mesurèrent, en 1851, ces allongements et ces raccourcissements des semelles par le mouvement de languettes glissant dans des rainures sur les faces extrêmes et marquant directement les variations de longueur.

M. Barlow, en 1855, trouva que l'axe neutre passe par le centre de gravité de chaque section, et qu'il existe à côté des tensions longitudinales une résistance transversale croissant avec la flexion.

En 1856, MM. Morin et Tresca reprirent les expériences de MM. Dupin, Duleau et Richard, et les étendirent à des cas très nombreux, en donnant le plus haut degré de précision possible aux observations faites et à la mesure des déformations; ils démontrèrent l'exactitude des faits avancés par MM. Dupin et Duleau.

De l'étude de ces déformations sensibles et *superficielles*, MM. Navier, Saint-Venant, Bélanger, Clapeyron, Phillips, Bresse, etc., déduisirent un certain nombre de lois, et, par suite, de formules liant entre elles les charges extérieures, les forces et les déformations moléculaires, en un mot, l'admirable théorie de cette partie de la Résistance des matériaux.

D'une manière générale, on établit dans ces calculs analytiques que, pour une section donnée, les forces extérieures agissant sur le solide d'un côté de cette section sont d'autre part équilibrées par les forces moléculaires développées dans la déformation. On admet que ces forces moléculaires se résolvent en deux systèmes : en *tensions longitudinales*, normales à la section considérée, de sens contraire de part et d'autre de la *fibre neutre* et croissant avec leur distance à cette ligne, et en tensions parallèles à la section, ou *efforts tranchants*, tendant à cisailler la pièce transversalement.

Pour la facilité plus grande des calculs et des constructions pratiques, on a même été conduit, par convention, à localiser les deux systèmes de forces intérieures et à charger spécialement certaines parties des pièces de résister aux efforts séparés, les tables des poutres en T, par exemple, de résister aux tensions longitudinales, et les âmes ou parois verticales aux efforts tranchants.

Théoriquement, cette localisation ne doit pas exister, et chaque point d'une section quelconque doit subir plus ou moins l'action simultanée des deux systèmes de forces.

Et si, pour le cas d'un solide en verre chargé d'un poids unique et posé sur deux appuis, nous essayons de traduire d'avance en *langage* ou en *diagramme polarisé* les conceptions de la théorie, nous pouvons prévoir deux apparences différentes :

Si la théorie analyse bien le phénomène, en supposant l'action sur le solide de deux groupes distincts de forces intérieures, vibrant dans des plans rectangulaires, dans ce cas, le solide en verre nous montrera une teinte générale obscure dégradée des semelles vers le milieu; en figurant les tensions longitudinales par des hachures horizontales plus serrées vers les semelles, et les efforts tranchants par des hachures verticales également espacées, nous aurions l'aspect ombré donné par la fig. 31, pl. 136. — Si la théorie fait une décomposition virtuelle en composantes horizontales et verticales de résultantes uniques réellement appliquées aux divers points du solide, les parties quadrillées de la figure précédente devront donner des résultantes obliques, caractérisées par des teintes générales laiteuses polarisées, irisées même vers les semelles où les tensions sont plus grandes; vers la partie médiane ou la fibre neutre, où ne se rencontrent plus que des forces verticales représentatives des efforts tranchants, on devra avoir une ligne obscure. C'est l'apparence polarisée que M. Nickerson a cru apercevoir dans une lame serrée de part et d'autre par les mâchoires d'un étau.

Nous verrons que l'observation polarisée ne confirme pleinement ni l'une ni l'autre des deux hypothèses précédentes; elle nous montrera deux zones distinctes, l'une occupée exclusivement par des tensions ou vibrations longitudinales, l'autre par des tensions obliques, par suite exclusivement traversée par les efforts tranchants localisés, en venant confirmer et autoriser d'une façon assez imprévue la convention qui partage les tensions longitudinales et les efforts tranchants entre les semelles et l'âme de la poutre. Elle nous révèlera du même coup l'action particulière, l'influence locale exercée par les efforts isolés, charges, appuis, etc., dont la théorie ne tient pas suffisamment compte; celle-ci considère la pièce comme moulée et cambrée entre deux formes ou gabarits convexe et concave, sans se préoccuper si les faisceaux parallèles de forces intérieures ne sont pas infléchis ou perturbés en passant devant ces centres, ces foyers de propagation des actions moléculaires.

L'examen des lames de verre fléchies va nous permettre de ne plus observer les actions seulement à la surface, mais de pénétrer au centre même des corps déformés, pour surprendre dans tout leur ensemble les véritables phénomènes qui se produisent.

Nous passerons en revue les divers cas généraux de la flexion plane :

1° Poutre droite posée sur deux appuis et chargée :

a) D'un poids isolé;

b) De deux poids;

c) De trois poids;

d) D'un poids uniformément réparti.

2° Poutre posée sur trois appuis de niveau, avec charges, isolées ou réparties;

3° Poutre encastrée à une de ses extrémités;

4° Poutre encastrée à ses deux extrémités;

5° Poutre courbe.

## 1° *Poutre droite posée sur deux appuis.*

A) *Poids isolé*. — Si nous suivons les figures obtenues pour diverses longueurs relatives d'une poutre variant de 2 à 30 fois la hauteur, nous observons une similitude d'effets produits, qui ne saurait surprendre, mais qui atteste dès lors la parfaite constance de la transmission des forces extérieures; nous retrouvons même sans peine ces ondes en S ou en queue-de-triton que nous rencontrions déjà dans les cas de simple compression.

La force appliquée produit toujours au point touché des auréoles elliptiques irisées (fig. 32, 33 et 34), signe d'une tension locale plus grande; puis elle se divise en deux courants comme deux queues-de-triton ou S opposées, traversant le corps pour aller rejoindre les appuis; ces deux queues-de-triton laiteuses, passant au jaune, orangé, etc., avec l'accroissement de la pression, sont séparées par une sorte de coin hyperbolique obscure, et buttées aux reins vers la force isolée, par une teinte obscure dégradée.

Cette figure montre bien que les tensions intérieures ne passent pas indifférentes devant les forces extérieures, mais sont très sensiblement influencées par elles.

La figure représente dans l'ensemble une grande accolade ayant son sommet au point d'application de la force et les extrémités de ses branches sur les points d'appui; entre ces branches laiteuses se développent des tensions horizontales qui maintiennent la solidarité entre les deux ailes. On peut se figurer le système comme formé de deux arbalétriers en S (fig. 32), A A', posés sur les appuis et chargés au faîtage O du poids considéré, maintenus par un entrait ou tirant obscur, B, et étayés aux reins par des contrefiches $aa'$. La courbure générale ODD' affecte encore la forme elliptique, en laissant les angles DD' neutres.

Lorsque la charge augmente, les branches laiteuses passent au jaune orangé dans leur partie centrale; la teinte obscure se fonce et passe même au violet vers les points d'application et vers le milieu M de la semelle inférieure.

Comme dans la simple compression, il y a un gonflement longitudinal marqué par l'arrondissement de la zone laiteuse qui dépasse l'aplomb des points d'appui pour regagner ceux-ci par une contre-courbe élégante *bb'* (fig. 33, pl. 136).

Ces queues-de-triton laiteuses, d'une teinte assez uniforme pour des pressions allant jusqu'à la moitié de la charge de rupture, délimitent la zone spéciale des forces obliques, c'est-à-dire des molécules sollicitées par des forces réelles rendues obliques par l'action dirimante, par l'influence particulière et *localisée* des efforts tranchants; l'importance de cette zone d'efforts obliques semblerait autoriser à première vue comme très rationnelle la disposition du treillis ou des latices pour constituer l'âme des poutres.

En dehors, dans les parties obscures, les molécules sont sollicitées par des forces vibrant parallèlement au plan de polarisation; cette zone correspond principalement aux semelles des poutres.

Au milieu de la zone laiteuse, la ligne neutre, qui ne doit être sollicitée que par des efforts tranchants, verticaux, et devrait en conséquence apparaître obscure, ne se distingue pas; on n'observe rien qui en puisse faire soupçonner nettement la présence; il est peu probable qu'elle se rencontre à la position que la théorie lui assigne généralement, près ou au-dessus du centre de gravité des sections transversales, car sur cette direction se trouve le renflement longitudinal en vertu duquel la fibre neutre serait elle-même allongée; elle doit se recourber probablement plus ou moins en suivant le milieu des deux accolades, dans une position sans doute peu prévue par les indications théoriques en cours.

Comme à l'ordinaire, en tournant le Nicol à 90°, les laiteux deviennent obscurs, et réciproquement.

Entre 0° et 90°, le plan principal de polarisation détache par sa rotation, du milieu de la zone laiteuse, une suite de courbes en S obscures allant du point d'application aux appuis, courbes qui sont les enveloppes successives des points dont les forces vibrent dans le plan principal de polarisation.

3

Il était intéressant de reconnaître la gradation des images sous diverses tensions avant d'arriver à la rupture.

1° Vers 1/3 de la charge de rupture, l'accolade laiteuse apparaît et se détache de la partie vitreuse (fig. 32, pl. 136), les parties obscures commencent à s'accuser ;

2° Vers la moitié de la charge limite, la figure devient complète, continue, et se détache bien avec les parties obscures et les parties laiteuses (fig. 33, pl. 136) ; les points d'appui s'irisent, les branches de l'accolade s'élargissent et se renflent verticalement ;

3° A partir des $\frac{2}{3}$ de la charge de rupture, l'accolade s'épanouit, s'équarrit presque jusqu'à toucher les bords supérieurs et inférieurs de la poutre (fig. 34), le coin hyperbolique se resserre, les colorations laiteuses et obscures envahissent presque entièrement les parties vitreuses ; les branches d'accolade passent vers leur milieu au jaune, puis à l'orangé, rouge, etc., pendant que les parties obscures virent au violet et au delà, vers les points d'application et vers le milieu de la base inférieure. Cette apparence s'accentue de plus en plus jusqu'au moment où la rupture se déclare, en commençant par la semelle inférieure.

En poursuivant ces observations sur des lames de verre à glace offrant en longueur successivement 3, 5, 10, 15, 25 et 30 fois la hauteur (fig. 35 et 36), on voit toujours l'accolade laiteuse se développer du point d'application aux deux appuis, mince vers le milieu, puis se renflant avant de se recourber pour gagner les appuis. A mesure que la longueur croît, au lieu des remplissages obscurs qui se remarquaient sur les petites longueurs, la surface laissée libre par l'accolade se remplit d'une obscurité plus nette, plus détachée, plus vive à partir des bords de la lame, passant facilement aux couleurs de la série des violets et des bleus, épousant les courbures de l'accolade, qui se détache plus vigoureusement, et arrivant à occuper de chaque côté un tiers de la hauteur vers les semelles, le tiers du milieu étant laissé à l'accolade.

Le Nicol à 90°, ou avec son plan principal parallèle à celui du polariseur, ou tourné à l'extinction, donne les colorations complémentaires ; l'accolade apparaît obscure, et les bords laiteux et irisés. Observant la flexion de cette façon, M. Nickerson a pris l'accolade pour la ligne des fibres neutres, faute d'avoir considéré d'assez près que cette zone se relève par un rebroussement en accent circonflexe au point d'application de la force, puis se renfle vers les extrémités pour dépasser d'abord les points d'appui, qu'elle regagne en présentant de part et d'autre une sorte de pivot gracieux. M. J. Tyndall lui-même, parlant incidemment de ces phénomènes[1], qu'il n'avait pas suivis pas à pas, toujours semblables à eux-mêmes, depuis les solides courts jusqu'aux solides les plus longs, avec les mêmes points singuliers caractéristiques, a confondu également la bande sombre, la bande neutre et les bandes colorées.

Si la force unique était appliquée, non plus au milieu de la pièce, mais plus près de l'un des appuis (fig. 34 *bis*) la figure polarisée présenterait une accolade à branches inégales, la plus courte étant plus vivement colorée que l'autre.

Nous ne pouvons manquer de constater encore l'analogie constante des figures polarisées obtenues dans ce cas et dans celui de la compression : des queues-de-triton droites ou renversées reportant latéralement la pression extérieure aux extrémités les moins soutenues ou en porte-à-faux, les remplissages obscurs reliant les ailes latérales, le même gonflement longitudinal sur la direction de la fibre moyenne.

Pour relever les ailes et résister à ce gonflement longitudinal, la consolidation des âmes en tôle ou en fonte par une nervure longitudinale médiane, comme dans les poutres à triple T, est parfaitement rationnelle.

***Ligne de rupture.*** — L'examen des cassures permet de vérifier que les lignes de séparation des parties laiteuses ou colorées d'avec les parties obscures et neutres, c'est-à-dire les lignes suivant lesquelles les tensions intérieures changent brusquement d'intensité ou de direction, sont des lignes de moindre résistance, prédisposées au cisaillement ou à la rupture.

Ainsi, les fractures (fig. 34 et 37) se produisent suivant la section moyenne OM, ou suivant l'un des côtés ou les deux côtés du coin obscur, OmMm', quelquefois en détachant le fragment en cœur OM ; parfois la rupture commençant en M, se bifurque, court par le plus court chemin aux ailes de l'accolade, les suit pour réunir ses deux branches en O, en détachant entre les deux ailes une pièce symétrique en cœur (fig. 37, pl. 136).

C'est pour cette cause, et suivant ces deux lignes inclinées, que se

1. *La Lumière*, par J. Tyndall, page 145.

déclarait l'onde de voilement partant à 45° de la table supérieure dans les essais à la rupture dès premiers ponts tubulaires (fig. 40); nous l'expliquerons mieux en étudiant les figures correspondantes dans les cas de charges uniformément réparties sur la poutre.

Pour soutenir ces points faibles, il faudrait fortifier le milieu des poutres et relier solidement, à travers le coin hyperbolique obscur, les deux ailes divergentes; on y parviendra, comme nous le déduirons des indications de la polarisation, en renforçant vers le milieu les pièces destinées à résister aux efforts tranchants. Les étais, en empêchant le voilement longitudinal aux lignes séparatives, ont aussi leur utilité parfaitement justifiée par ces observations.

Dans leurs expériences fondamentales, MM. Morin et Tresca ont trouvé qu'en général, pour les poutres en chêne ou en fer, le raccourcissement de la table ou face supérieure, pour une charge donnée, est un peu plus faible que l'allongement de la face opposée, dans la même flexion; la figure polarisée peut expliquer et motiver ce fait, en montrant que les semelles supérieures ne sont pas intéressées sur toute leur étendue par les forces intérieures en jeu : il reste aux angles supérieurs des espaces AA' neutres (fig. 37), indifférents aux efforts, ce qui n'arrive pas aux semelles inférieures. A ce titre, le renforcement ou l'élargissement de la semelle inférieure autrefois adopté dans certains types de poutres en T, même en fer, était assez utile.

***Efforts tranchants***. — Dans le cas d'une force unique produisant la flexion, la théorie attribue à l'effort tranchant une valeur constante et égale à celle de la force même ; l'image polarisée vérifie assez bien ce point, au moins pour les solides courts : avec sa teinte sensiblement uniforme qui permet de mesurer l'intensité de l'effort tranchant dans chaque section à l'étendue de la bande intéressée par cette lumière laiteuse, l'accolade se développe au milieu de ses ondulations en gardant une hauteur verticale peu variable, sauf pour les dégagements amincis vers les points singuliers; avec les solides longs l'accolade assez étroite vers le milieu va se renflant en s'approchant des appuis; les tensions longitudinales deviennent alors, vers la force appliquée, tellement prépondérantes sur les efforts verticaux que la résultante se rapproche beaucoup de l'horizontale, et la zone obscure empiète largement sur la zone laiteuse ordinaire.

***Fibre neutre***. — Nous avons cru retrouver parfois dans la zone médiane sombre, une éclaircie fugitive, au-dessus du centre de gravité de la section, éclaircie pouvant marquer le passage des compressions longitudinales supérieures aux tensions inférieures, soit la *ligne de moindre déformation*. Mais à droite et à gauche cette trace se perd à la vue dans les ailes laiteuses, et pour déterminer dans la figure polarisée la position possible de cette ligne, on se trouve absolument réduit aux conjectures : du point α (fig. 37), il semble impossible qu'elle se dirige horizontalement vers les points du plus grand renflement longitudinal. Il ne serait pas improbable que cette ligne de moindre déformation ne fût la ligne médiane des accolades laiteuses, se développant des points d'appui au point d'application de la choffée ; cette ligne médiane a ses extrémités fixes, de plus elle varie relativement peu de position : -quand la charge augmente, les accolades s'élargissent, s'épaississent en quelque sorte, sans que la ligne médiane s'infléchisse beaucoup ; celle-ci doit être, au moins pour la zone laiteuse, une ligne particulière de moindre déformation.

Cette opinion se trouverait un peu confirmée par l'observation d'Hodgkinson qui trouvait, en brisant des poutres par un choc au milieu de leur longueur, que la fibre neutre se trouvait à 1/7 de la hauteur à partir du point touché ; c'est ce que retrace l'inflexion particulière de l'accolade vers ce point touché.

*Forme d'égale résistance*. — Nous ferons remarquer que la forme d'égale résistance, parabolique, triangulaire même, donnée aux balanciers, à certains poitrails, etc., est parfaitement motivée par les observations polarisées : la neutralité des onglets AA' (fig. 37) montre l'inutilité de la matière qui remplit ces angles supérieurs, les seules parties travaillantes sont les accolades laiteuses, le remplissage obscur des reins (suivant une courbure générale elliptique, tangente à la semelle supérieure au point chargé), et la zone obscure qui borde la semelle inférieure.

B) *Deux forces isolées*. — Dans le cas de deux charges isolées égales, appliquées à la poutre posée sur deux appuis, on observe encore des phénomènes de polarisation de même ordre. On voit encore une queue-de-triton s'élancer de chaque force au point

1. C'est ainsi que la traçait notre regretté maître, M. de Dion, qui voulait bien s'intéresser particulièrement à ces études.

d'appui voisin ; d'une force à l'autre se développe un feston de lumière laiteuse assez pâle (fig. 38) ; tout l'espace restant est rempli comme précédemment d'une teinte sombre, augmentant d'intensité aux abords des œils-de-paon ou aux points de plus grande tension locale.

Les choses se passent donc comme dans le cas précédent d'une force unique, l'ensemble ayant été coupé en deux et écarté de la distance qui sépare les deux forces, et les deux parties étant raccordées ou reliées par la frange dont nous venons de parler.

Si l'une des forces est plus grande, la queue-de-triton correspondante est plus large et plus colorée, et la frange intermédiaire s'accentue du côté de cette force.

La théorie donne pour l'effort tranchant entre chacune des forces égales et le point d'appui voisin une valeur constante et égale à chaque charge appliquée ; entre les deux forces, l'effort tranchant serait nul. En pratique, l'effort tranchant entre les deux charges n'est pas nul, et il sera toujours prudent en construction de donner à la poutre la même section résistante entre les deux forces qu'au delà.

C) *Cas de trois forces isolées.* — Quand le solide posé sur deux appuis, supporte trois charges isolées, on observe encore, allant des forces extrêmes aux appuis, deux queues-de-triton laiteuses, et entre les trois forces, de la charge intermédiaire aux deux autres, deux festons, formant, du milieu aux appuis, des franges étagées (fig. 39) ; le reste de la zone est obscur à la manière ordinaire.

La théorie indique bien, en effet, cet accroissement successif des efforts tranchants par l'addition des forces rencontrées, en allant du milieu vers les appuis ; toutefois dans chaque section, l'effort tranchant ne reste pas absolument constant comme le suppose la théorie.

A mesure que le nombre des forces égales et équidistantes augmente, on voit, de part et d'autre du milieu de la poutre, ces festons laiteux développés d'une force à la suivante, s'étager pour arriver aux deux surfaces laiteuses continues, presque triangulaires, données à la limite par la charge uniformément répartie que nous allons examiner.

D) *Charge également répartie.* — Si la charge répartie ne dépasse pas l'aplomb des points d'appui, on a une accolade laiteuse tronquée par le plan de la face supérieure, avec un renflement débordant la surface intéressée (fig. 40) ; entre le milieu et chacune des extrémités, se développe une onde ou queue-de-triton laiteuse allant se terminer en pointe à l'appui.

Si la charge répartie dépassait l'aplomb des appuis, on aurait latéralement une inflexion avec œil-de-paon vers l'angle en porte-à-faux (fig. 40 *bis*); la figure serait encore dérivée, comme nous en avons vu précédemment de nombreux exemples, de la figure type complètement développée, mais tronquée latéralement.

Entre les ailes, la figure est remplie par la teinte sombre, plus intense vers les pointes et au milieu de la base inférieure.

Quand la pression répartie augmente, le coin obscur se rétrécit, les ventres se renflent et descendent plus près de la base inférieure, comme on le remarquait dans le cas de la poutre supportant un effort isolé d'intensité croissante. Nous retrouvons là, d'ailleurs, une figure que nous avons rencontrée à propos du poinçonnage.

L'aspect général de ces figures polarisées vérifie dans une certaine mesure les conclusions théoriques qui font croître dans ce cas l'effort tranchant en progression géométrique depuis le milieu de la poutre, où il est nul, jusqu'aux appuis, où il est maximum, et le font figurer graphiquement par les ordonnées d'une droite partant obliquement du milieu de la longueur de la poutre; dans l'observation polarisée, la lumière laiteuse, d'une teinte sensiblement uniforme, laisse heureusement mesurer l'intensité de l'effort tranchant par l'étendue de la zone qu'elle intéresse transversalement : du milieu vers les appuis, l'effort va bien en croissant, mais point suivant une droite oblique ou un triangle; il croît d'abord beaucoup plus rapidement, surtout lorsque la charge répartie augmente, et qu'on se rapproche de la rupture; il arrive alors, à peu de distance du milieu, à atteindre rapidement les 2/3 de la valeur maxima aux culées; il faut évidemment tenir grand compte de cette circonstance, car les trépidations causées par les charges en mouvement, provoquent des oscillations et des accélérations verticales qui peuvent rapprocher beaucoup du cas de la rupture les conditions prévues pour des charges en repos.

Quand on donne aux lames verticales la mission de résister particulièrement aux efforts tranchants, sur l'épure qui règle la distribution des épaisseurs des tôles, on ne suit pas servilement le tracé qui donnerait au milieu une épaisseur presque nulle, on attribue à l'âme dans la partie médiane une certaine valeur; en raison des considérations que nous avons exposées, il serait prudent de ne pas laisser cette détermination au hasard, et de s'astreindre à donner au minimum une épaisseur égale aux 2/3 de l'épaisseur aux appuis; bien que les dimensions des pièces soient déterminées pour travailler à 1/6 de l'effort de rupture, les charges en mouvement arrivant presque à doubler la flèche des charges en repos, on peut admettre que l'effort tranchant se trouve doublé dans les mêmes circonstances, et arrive à 1/3 de l'effort de rupture; c'est à cette limite que la figure polarisée apparaît : l'enseignement qu'elle nous fournit, ne doit pas être perdu.

Les lignes de rupture se rencontrent encore dans la section médiane, ou obliquement suivant les lignes séparatives des ailes laiteuses d'avec la zone obscure, aux déviations brusques des tensions longitudinales (fig. 40 et 40 *bis*); c'est là que se manifestaient ces ondes de voilement dirigées à 45° à partir de la semelle supérieure dans certaines poutres tubulaires essayées à la rupture.

En renforçant, comme nous le proposons, l'âme dans sa partie médiane, on combattra cette tendance au cisaillement ou au voilement, et on s'opposera aux déchirements qui pourraient se produire.

Les étais verticaux, en reliant sur toute la hauteur les parties tirées horizontalement vers les semelles avec les parties médianes (de l'accolade) soumises aux efforts obliques, en donnant de la roideur à la poutre dans le sens vertical, exercent une influence de même nature.

## 2° *Poutre posée sur trois appuis.*

Si chaque travée est chargée d'une *force isolée*, les appuis et les forces agissent de part et d'autre de la poutre en détachant des uns aux autres les mêmes bandes laiteuses en queue-de-triton (fig. 41), enveloppées de teinte obscure plus ou moins foncée dans le voisinage des points d'application.

Quand les efforts extérieurs augmentent, les bandes laiteuses s'élargissent et se renflent horizontalement et verticalement, et passent même à la teinte jaune orangée dans leur partie centrale.

Nous ferons la même observation que précédemment pour la valeur constante attribuée par la théorie à l'effort tranchant dans chaque travée; cette donnée n'est pas absolument confirmée par la figure polarisée.

Si dans chaque travée la *charge est uniformément répartie* (fig. 42), les appuis agissent comme des efforts isolés, avec l'œil-de-paon et les

pointes obscures, et envoyent plus ou moins obliquement les ailes laiteuses se réunir vers la semelle supérieure; comme dans le cas du
poinçonnage, la lumière laiteuse ne borde toujours pas le semelle
supérieure, elle en est séparée par une étroite bande obscure, qui
passe ensuite entre les ailes avant de s'épanouir vers la semelle inférieure.

Chaque aile, dans son aspect général, vérifie fort approximative-
ment les indications de la théorie, en ce qui concerne l'accroissement
de valeur de l'effort tranchant à mesure qu'on se rapproche des culées;
elle la corrige seulement en montrant que cet effort croît d'abord beaucoup plus rapidement que ne l'indique l'analyse.

Les ailes laiteuses ne sont pas symétriques non plus par rapport au milieu des travées : celles qui joignent l'appui intermédiaire sont plus longues que les ailes latérales; le point de jonction
pour lequel l'effort tranchant est nul et les tensions longitudinales
maxima, a été trouvé dans nos expériences pour des charges égales
dans les deux travées, aux $\frac{45}{125}$ de la longueur à partir des culées, ce
qui vérifie très sensiblement l'indication de la théorie pour l'abscisse du
point affecté de l'effort tranchant 0 nul et du moment fléchissant μ
maximum, abscisse égale à 3/8 ou $\frac{45}{120}$, pour l'une des travées, et 5/8
pour l'autre.

Les cassures se produisent, au droit des appuis, suivant les lignes de
séparations obliques des ailes laiteuses et de la pointe obscure, ou sur
le milieu des travées suivant la ligne de plus grande obscurité, quelquefois avec déviation le long de la partie laiteuse (fig. 42, pl. 136).

L'analyse interprète l'encastrement, dans ses calculs, en assimilant
cette action à celle d'un couple, qui maintient le solide orienté suivant
une direction fixe, et d'une force verticale représentant la réaction de
l'appui. L'observation polarisée vérifie cette assimilation.

### 3° *Poutre encastrée à une extrémité et chargée à l'autre.*

Si le solide, encastré à une extrémité, est chargé à l'autre, il offre,
comme certains faits antérieurs pouvaient le faire prévoir, une accolade

irrégulière joignant les œils-de-paon des points intéressés par les pressions : dans l'encastrement, du bord extérieur supérieur au bord inférieur de la mâchoire, se développe une queue-de-triton, courte, presque droite, très vivement colorée en orangé, rouge, etc., complètement noyée dans l'obscurité et même dans le violet intense, marquant la réaction de l'appui inférieur ; la seconde branche part, avec une bissectrice oblique, du point inférieur d'encastrement pour gagner le point d'application, d'abord effilée, puis se renflant vers l'extrémité ; entre les branches de l'accolade, et vers les revers de la grande branche, on a le remplissage obscur habituel, plus intense vers la bissectrice ; l'onglet inférieur reste seul neutre (fig. 43, pl. 136).

Si le solide s'allonge, on retrouve toujours la même disposition, avec cette modification observée déjà que la longue branche s'effile de plus en plus (fig. 44), en accentuant sa couleur d'une façon plus tranchée, se distinguant surtout des bandes supérieure et inférieure qui se colorent plus fortement en violet ou parviennent même à s'iriser.

Les cassures se produisent suivant la ligne séparative de l'aile irisée et de la partie obscure dans l'encastrement, ou suivant la bissectrice des deux ailes dans la zone obscure (fig. 43, pl. 136).

#### 4° *Poutre encastrée à ses deux extrémités.*

Pour une poutre encastrée à ses deux extrémités, et chargée d'un *poids isolé*, on a de part et d'autre de cette force la figure précédente : l'accolade laiteuse (fig. 45) part en deux branches qui vont s'appuyer sur le bord inférieur antérieur des appuis, pour se prolonger au travers des encastrements par une queue-de-triton courte et vivement colorée ; les parties en dehors des accolades sont très sombres, teintées fortement de violet vers les points les plus comprimés.

Dans ces cas d'encastrement, toutes les parties du solide sont à peu près colorées, on n'aperçoit plus de parties neutres ou indifférentes ; on peut expliquer par là, pour une même poutre, l'excédant de résistance dû à l'encastrement : toutes les fibres travaillent et l'utilisation de tous les éléments de résistance de la pièce est plus grande. On peut observer un résultat comparable, quand le solide posé des deux appuis chargé d'une force isolée (fig. 46), est butté dans le sens de l'axe par deux forces longitudinales et opposées : les queues-de-triton sont bifurquées en face de ces nouvelles pressions, les extrémités de la pièce, neutres d'ordinaire, se remplissent de teintes obscures ou violettes plus ou moins vives, et cette sorte de demi-encastrement peut exercer une influence favorable sur la résistance générale de la pièce : si cette buttée s'exerce dans la moitié inférieure de la poutre, elle tend à la cambrer vers le haut, comme on le fait souvent d'avance pour les poutres en double T.

Dans le cas de l'encastrement ordinaire, si la charge isolée était plus rapprochée d'un appui, la branche correspondante plus courte s'épaissirait et se teinterait d'une coloration plus vive que sa conjuguée.

Si dans ces conditions d'encastrement la *charge est répartie*, on a dans l'encastrement la queue-de-triton colorée, droite et courte, caractéristique, puis, de chaque point d'appui s'élance une aile laiteuse peu infléchie (fig. 47), bordant à peu de distance la semelle supérieure, avec des ordonnées décroissantes de l'appui au milieu ; les deux ailes ne se fondent pas au milieu, elles restent séparées par un trait obscur reliant la frange obscure supérieure à l'accolade obscure inférieure, assez intense ; ces ailes vérifient, sous les réserves dites, la loi de décroissance des efforts tranchants des culées au milieu.

Dans ce cas de double encastrement, toutes les parties du solide apparaissent plus complètement intéressées, plus uniformément remplies par des teintes polarisées plus vives, ce qui explique l'influence particulière de l'encastrement sur la plus grande résistance de la pièce. Les cassures se déclarent au milieu, suivant la ligne sombre, qu'elles quittent souvent pour courir, parfois assez loin, à droite et à gauche, suivant les lignes horizontales de séparation des tons obscurs supérieurs et des tons laiteux (fig. 47, pl. 136).

*Deux travées avec encastrement.* —Quand le solide est encastré à ses extrémités, avec appui intermédiaire, et supporte dans chaque travée un effort isolé, on obtient aux extrémités (fig. 48) les images spéciales à l'encastrement, puis les queues-de-triton s'élançant des appuis aux charges, avec les séparations obscures connues.

Si dans les mêmes conditions, chaque travée supporte des charges égales et uniformément réparties (fig. 49), on a toujours les mêmes figures aux encastrements, puis, dans chaque travée, deux zones laiteuses plus ou moins triangulaires, l'une très longue venant de l'appui intermédiaire, l'autre très courte et très épatée, venant de l'encastrement ; elles ne se soudent pas non plus entre elles, et les espaces laissés libres par ces zones sont remplis par des tons obscurs très tranchés, surtout aux lignes séparatives des zones laiteuses entre elles. Nous avons trouvé dans nos expériences pour l'abscisse des points où l'effort tranchant est nul, une longueur très sensiblement égale aux $\frac{18}{120}$ de la travée à partir des culées, comme le calcule la théorie.

## 5° *Poutres courbes*.

Nous avons examiné quelques éléments de poutres courbes substituées aux poutres droites pour pressentir les phénomènes qui se produisent dans les arcs métalliques et les voûtes en maçonnerie.

En remplaçant, sous l'effort d'une charge isolée, la poutre prismatique posée sur deux appuis par un segment circulaire (fig. 50), on observe encore deux queues-de-triton laiteuses qui longent les reins de la pièce, et sont comme tronquées, par la suppression faite des courbes en $S$ que nous avons toujours rencontrées; la teinte laiteuse s'accentue plus vivement le long de la partie diminuée, pour indiquer par des tensions plus grandes le surcroît d'effort laissé là par la partie défaillante; pour tout le reste, dans la partie intacte, on a les détails connus.

Avec un profil moins bombé à la partie supérieure, parabolique ou d'égale résistance, les queues-de-triton seraient moins entamées, les parties neutres disparaîtraient seules, et l'on aurait une solidité égale avec une grande économie de matière.

Un arc s'appuyant à mi-joint sur deux appuis ou culées et chargé au sommet présente entre les trois forces extérieures (fig. 51) deux queues-de-triton laiteuses à courbure extérieure convexe, épousant les reins de l'arc et figurant les deux branches d'une pince; l'espace intermédiaire est rempli d'une teinte obscure, renforcée vers les points d'application; on remarque des onglets neutres dans la partie des joints en porte-à-faux. Vers la culée, l'extrémité de la queue-de-triton va toujours rencontrer l'arête la plus chargée; si le joint porte bien également sur la naissance, la courbe laiteuse se bifurque pour aller toucher les deux arêtes; avec un joint compressible, on obtient une teinte uniforme, caractéristique d'une pression bien répartie.

L'intrados est bordé d'une teinte obscure assez uniforme, qui semble indiquer, par la direction horizontale des vibrations, que les molécules résistent en s'opposant au glissement horizontal d'une file à l'autre.

Si l'on considère un arc plein cintre, chargé à la clef, et posé sur deux appuis, l'un vers l'intrados, l'autre vers l'extrados, on observe encore deux courbes en navette, partant de la clef, rasant les reins à l'intrados et posant leur pointe inférieure vers l'arête appuyée; des tons obscurs, foncés, remplissent l'intervalle vers la clef à l'intrados et extérieurement vers l'extrados jusqu'aux reins.

Si nous chargeons l'extrados de l'arc plein cintre de deux et trois forces isolées, agissant normalement à l'intrados, nous obtenons les franges festonnées et les queues-de-triton de même figure et de même distribution que pour la poutre droite (fig. 53-54) dans les mêmes circonstances, comme si les figures correspondantes précédemment obtenues avaient été cambrées sur un gabarit demi-circulaire, résultat important au point de vue de la généralité et de la constance des réactions moléculaires constatées.

Ces trois dernières figures réflètent exactement les circonstances connues de la déformation des arcs et des voûtes, suivant que les surcharges portent sur la clef ou sur les reins. Dans le premier cas, on trouve, par les tons obscurs à la clef, pression à l'extrados, extension à l'intrados; la teinte laiteuse tangente aux reins à l'intrados marque là une pression oblique (par rapport aux plans verticaux), tandis que l'obscurité à l'extrados marque une tendance au bâillement des joints. Si la charge est sur les reins, on voit la tension à l'intrados des reins, tandis que la frange des pressions obliques envoyée d'une force à l'autre touche l'intrados de la clef, en laissant la teinte sombre marquer la tension à l'extrados de cette clef.

Si la charge porte enfin simultanément sur les reins et sur la clef, on voit, sur la figure, des pressions à l'extrados et des tendances aux bâillements à l'intrados de tous les joints correspondants.

Pour la plus légère différence de calage, comme aussi pour la moindre irrégularité de compression d'un garnissage en mortier (soit par la présence de grains de sable plus grossiers, ou par une prise plus rapide sur un point que sur un autre), les queues de-triton promènent leurs extrémités d'une arête à l'autre, en provoquant le bâillement de l'arête opposée, ou la production d'un joint de rupture; pour les assujettir à passer dans les joints en un point assez distant des arêtes, l'idée

des noyaux ou des clefs était heureuse, car, du même coup, on empê-
chait les ventres de se rapprocher trop de l'intrados ou de l'extrados;
on aurait pu parvenir au même résultat en donnant aux joints un bombement très prudemment ménagé, pour obtenir en même temps une
pression mieux répartie et moins vive vers les arêtes; pour obtenir cette
égalité de répartition des pressions, des garnissages un peu compressibles, comme des plaques de plomb, donneraient des résultats meilleurs que les garnissages en mortier qui, au moment du décintrement,
ne sont plus élastiques, s'ils sont à prise rapide, ou tout au moins ont
fait déjà prise sur les arêtes en porte-à-faux, s'ils sont à prise plus
lente.

*Vérifications.* — Cette analyse vient coordonner et expliquer des
phénomènes concordants de rupture, obtenus par Vicat et Hodgkinson,
en opérant sur des matières aussi diverses que le fer, la fonte, le plâtre;
car ces cassures en cœur caractéristiques et assez peu explicables avec
le concours des seules données de la théorie ordinaire ne se rencontrent pas dans le verre pour la première fois.

Hodgkinson les signale dans son Rapport d'enquête, déjà cité, sur
l'emploi des métaux dans la construction des chemins de fer; il détachait ces coins en cœur (fig. 36), en brisant, sous une charge unique,
des barres de fonte; dans les mêmes circonstances, sur des poutres
tubulaires en fer, il obtenait des rides de voilement partant des culées,
signe sensible de ces déformations obliques.

Dans le même Rapport, on remarque encore des cassures obtenues
par M. Gooch sur de grandes poutres en fonte (fig. 36 *bis*), cassures
dans lesquelles il n'est pas difficile de reconnaître le contour caractéristique des coins de rupture en cœur.

Dans le Mémoire précédemment cité de Vicat, de quelques années
antérieur, on trouve aussi relatées des expériences absolument concordantes (fig. 37 *bis*); avec des meules circulaires en plâtre, posées
sur des supports annulaires et chargées à leur centre jusqu'à rupture,
Vicat détachait, par une sorte de poinçonnage, un tronçon conique
dont la section méridienne présentait le profil en cœur, comme on l'obtient dans le cas de la poutre droite chargée en son milieu et posant
sur deux appuis.

M. Tresca a constaté de son côté ces cassures en cœur ou en accolade dans la rupture par flexion de rails en acier; on peut les observer

journellement dans les cassures à la tranche ou aux essais par flexion des barreaux ou lingots de fonte, de fer et d'acier.

*Conséquences pratiques.* — L'observation des véritables réactions intérieures développées dans les solides fléchis par des charges extérieures, doit conduire à une analyse supplémentaire des conditions de résistance.

En l'état actuel, on se préoccupe :
1° Des moments résistants ;
2° Des efforts tranchants ;
3° De la résistance au glissement longitudinal.

1° Les premiers, calculés par rapport au centre de gravité de la section, donnent, pour la partie tendue, la plus compromise, des valeurs supérieures à celles qui suffisent strictement, si l'axe neutre passe plus haut. Toutefois la vivacité des colorations violettes qui apparaissent vers la base inférieure au droit des sections affectées des moments fléchissants maxima, fait pressentir qu'il peut y avoir là un accroissement peut-être plus rapide que celui de l'ordonnée parabolique, tout comme on remarque des inflexions brusques vers les points d'appui, par exemple, pour les efforts tranchants. Il semblerait prudent, vers les points des moments fléchissants maxima, de calculer les résistances plus largement que ne l'indique la théorie.

2° Les efforts tranchants, évidemment caractérisés par le développement des zones laiteuses, sont parfois insuffisamment équilibrés par les données de la théorie, surtout dans les régions où celle-ci les considère comme nuls ; nous avons montré qu'il serait plus prudent de ne pas les considérer comme descendant au-dessous des 2/3 de leur valeur maxima dans chaque travée.

3° Quant à la troisième sorte de déformation, le glissement longitudinal, on peut l'envisager comme une conception théorique beaucoup plus que pratique, et l'on gagnerait en sécurité à substituer à cette analyse d'autres considérations plus positives, comme celle d'un cisaillement, non point suivant une ligne neutre idéale dont l'existence ne frappe pas, du moins dans l'analyse polarisée, mais d'un cisaillement suivant les lignes séparatives des parties sollicitées horizontalement et des parties sollicitées obliquement.

Dans nos expériences, les solides étaient représentés par des règles rectangulaires en verre, dont l'épaisseur constante était environ le 1/4 de la hauteur ; dans les figures polarisées, les parties laiteuses occupent toujours au moins la moitié de la surface latérale de la travée, les molécules sollicitées obliquement occupent donc un cube au moins égal à celui des molécules livrées aux efforts horizontaux. Dans les poutres laminées en T, de proportions courantes, les semelles ont en largeur la moitié de la hauteur de la poutre, en épaisseur 1/7 à 1/8, l'épaisseur de l'âme est environ 1/10 de la hauteur ; le cube des semelles spécialement et heureusement disposé pour résister aux tensions longitudinales, en laissant l'âme verticale libre pour résister aux efforts tranchants, dans une répartition naturelle comme inspirée par les faits que nous avons esquissés, le cube des semelles représente les 2/3 du cube total ; la part laissée aux efforts tranchants est trop restreinte et les surfaces transversales séparatives suivant lesquelles peut se produire le cisaillement dans le changement brusque de direction des efforts intérieurs, est beaucoup plus faible que dans nos solides prismatiques en verre.

Or, dans nos observations, les nombreuses cassures que nous avons provoquées, et c'est là le *criterium* suprême, se sont partagées à peu près également, entre les ruptures suivant la section droite des moments résistants et les ruptures obliques suivant les lignes séparatives.

Avec des solides en verre amincis au milieu de la hauteur, comme des poutres en ⵣ, amincis en outre au milieu de leur longueur comme le sont les poutres composées, les cassures suivant les lignes obliques eussent été prépondérantes, sinon exclusivement obtenues.

Les lignes séparatives ont une importance trop peu connue : elles forment les *arêtes de voilement* d'abord, puis de *rupture* ou de *déchirement*. Leur influence doit devenir énorme pour les grandes longueurs, si l'on en juge par la netteté de ces lignes confinant deux zones voisines, de coloration très tranchée.

A ce point de vue, on se représente difficilement comment les poutres en treillis, avec leur âme verticale découpée, affaiblie, discontinue, peuvent pourvoir à la transmission de ces ondes régulières, constantes, on pourrait dire rationnelles, tant leur existence est naturelle ; il doit résulter, de la constitution morcelée des treillis, des déviations que le calcul en l'état ne soupçonne pas, dont les méthodes actuelles ne tiennent pas compte ; on trouverait là certainement l'explication véritable de mécomptes singuliers éprouvés à l'emploi de poutres semblables, qui, satisfaisant consciencieusement à toutes les exigences et prescriptions des règlements et de l'analyse en cours, n'ont pu se tenir debout sous leur propre poids, par suite du voilement, du manque de rigidité des parois verticales.

Jusqu'à ce que la théorie sache exactement formuler les conditions supplémentaires de la résistance à toutes les actions intérieures, il faut parer à leur influence en renforçant les épaisseurs aux sections les plus chargées, répartir largement au loin, par des goussets, les actions extérieures directes, comme les réactions des appuis, entretoiser longitudinalement les ailes en queue-de-triton séparées par les espaces obscurs, comme, aux encastrements ou aux moments maxima, relier dans la hauteur des poutres les zones des forces obliques à celles des forces horizontales, en donnant beaucoup de roideur au plan vertical par l'accumulation de nervures et d'étais verticaux et par un solide contreventement des poutres parallèles entre elles.

## IV. — TORSION.

Les figures caractéristiques de la torsion sont extrêmement difficiles à isoler des images connexes, provoquées par le serrage ou la compression des prismes sous l'effort des clefs ou des étaux qu'on doit faire agir sur eux, ou encore par la flexion du solide entre les sections qui subissent l'action des clefs ou des tourne-à-gauche. Les divers spectres résultant de ces phénomènes complexes se superposent, et il devient fort délicat de démêler dans les observations ce qui est caractéristique de la torsion seule.

Si l'on tord entre les doigts un prisme en verre, on aperçoit au Nicol, suivant l'axe longitudinal, la section complètement remplie de lumière laiteuse ; pour aller plus loin et obtenir des images plus tranchées, il faut employer des clefs ; ces clefs viendront spécialement butter, en coinçant, des arêtes opposées ; de ces arêtes plus comprimées surgissent des œils-de-paon irisés (fig. 60-61), elliptiques, se propageant les uns au-devant des autres, entourés de lumière laiteuse ou jaune orangée ; deux courbes obscures ou violettes circonscrivent, comme une parenthèse, ce remplissage ; au dehors apparaissent des teintes décroissantes ou une faible lumière laiteuse.

L'ensemble affecte une forme cambrée tournant sa convexité du côté opposé aux clefs. Si, d'une part, la section transversale apparaît comme particulièrement chargée suivant les arêtes en contact avec les clefs, d'autre part, la torsion semble se faire, dans ce cas de serrage en porte-à-faux, non pas autour de l'axe de figure, mais autour d'un axe extérieur situé entre les branches des clefs. Ce cas se présente pour un arbre sollicité par deux manivelles calées à 90 degrés, par exemple.

Si l'on essaie d'obtenir une torsion plus symétrique par rapport à l'axe de figure en faisant agir des couples par des colliers à vis ou des tourne-à-gauche centrés, on obtient alors d'un point de contact à son opposé une ligne sombre contournée en S, comme dans tous les cas où les forces isolées ne sont pas diamétralement opposées (fig. 62) ; ces lignes obscures sont entourées, comme à l'ordinaire, d'amorces d'ellipses laiteuses qui enveloppent l'entrecroisement des S sombres formant une croix diagonale. Cette figure symétrique accuse plutôt encore la pression des instruments de serrage en huit points symétriques, et les rayons courbés en sens contraire ne viennent pas caractériser la rotation inverse des deux sections entraînées. La cassure nous donnerait des indications plus précieuses : si les sections serrées sont un peu distantes l'une de l'autre, les onglets des angles, mal soutenus, tangentiellement au cercle inscrit, se détachent facilement pour dégager (fig. 63) deux cônes opposés par le sommet, à génératrices formées par des courbes concaves. Si nous essayions d'interpréter ce résultat, nous dirions que l'effort de torsion se transmet, de part et d'autre, suivant deux noyaux coniques opposés, ayant pour base chacune des sections serrées, gagnant l'axe en un point commun, et se séparant par cisaillement circulaire des onglets angulaires et de leur emboîtement intermédiaire, comme désintéressés de cette déformation ou de ces transmissions.

# CONCLUSIONS.

En passant en revue les déformations observées sur des solides en verre, nous avons, sans transition, généralisé les conséquences que pouvaient suggérer ces expériences en étendant leurs enseignements aux cas ordinaires des constructions pratiques.

On a pu trouver une telle généralisation bien prompte, et on a pu objecter à ces inductions que ce qui pouvait être vrai pour le verre, pouvait ne plus l'être pour le fer, l'acier, la pierre, etc., ce qui compromettrait les conséquences pratiques d'études ainsi faites.

Nous avons à justifier d'un même coup, pour toutes les observations précédentes, l'extension que nous avons proposée, en l'appuyant sur des faits qui semblent complètement l'autoriser.

Nous avons déjà signalé, au cours de cette étude, la similitude remarquable qui se rencontre dans les figures obtenues par compression dans le verre, d'une part, et de l'autre dans les prismes en pierre et les meules en plâtre de Vicat, dans les cylindres et les poutres en fonte et en fer d'Hodgkinson, dans les tubes lamellaires en plomb de M. Tresca; une pareille coïncidence dans des conditions aussi diverses ne saurait être fortuite, et offre une première preuve de la généralité des lois qui président aux transmissions intérieures, au cheminement des forces extérieures au travers des corps de constitution différente.

Nous en avons cherché d'autres démonstrations aussi directes que possible.

On ne peut suivre, comme pour le verre, le développement des ondes transmises dans les corps opaques, mais on peut, au moins, les surprendre à leur entrée et à leur sortie de cette zone invisible, et tirer de cette observation des présomptions sérieuses sur leur trajectoire intérieure.

Si nous appliquons une force isolée sur une face de plaques bien dressées, de verre, de fer, d'acier, de laiton, de plomb, etc., posées à joint précis sur une autre plaque de verre, révélatrice des pressions réparties sur le joint (fig. 55, 56, 57, 58, 59), nous connaîtrons le point d'accession de la force sur la plaque expérimentée, les points de diffusion à la sortie ; nous pourrons, en conséquence, par une sorte d'interpolation, reconstruire les trajectoires intérieures, reconnaître les figures assez singulières que le verre nous a révélées, et apprécier s'il est exact d'assimiler, pour les diverses déformations étudiées, les corps que nous venons de désigner et qui représentent les constitutions moléculaires fort dissemblables, grenue, cristalline, fibreuse, lamellaire, etc.

Une lame de verre A (fig. 55), pressée par une vis au point O, et posée exactement sur une autre lame de verre B, nous offre une double queue-de-triton distribuant la pression originelle sur le joint commun αβ ; cette pression se trouve comme réfléchie ou répercutée par la plaque-étalon B, qui offre, en conséquence, une figure déterminée entre αβ et son autre base d'appui γδ.

Si nous remplaçons la plaque de verre A par d'autres plaques de fer (fig. 57), d'acier (fig. 56), de laiton (fig. 58), de plomb (fig. 59), sous la pression de la même vis et pour la même position de la plaque-étalon B sur son patin C, nous obtenons, sur cette plaque B, comme contre-partie des actions supérieures, une série de figures semblables, plus ou moins élargies seulement, suivant la nature des corps qui constituent les plaques en expériences. Peut-on contester que ce ne soit le signe d'une diffusion de même ordre, de même allure au travers de tous ces corps ? Un seul élément varie, c'est l'étendue, l'empattement de la base intéressée αβ, évidemment d'après un coefficient caractéristique de la cohésion ou de l'élasticité du corps. En serrant aussi également qu'on peut le faire avec un même étau et une même vis, nous avons obtenu, pour le rapport de la base intéressée αβ, à la hauteur ou à l'épaisseur de la plaque :

Verre. . . . . . . . 2 fois 1/2
Fer. . . . . . . . . 5 — 1/2
Laiton . . . . . . . 4 — 1/2
Acier. . . . . . . . 7
Plomb . . . . . . . 1

L'ardoise nous a donné sensiblement le même résultat que le plomb.

Les efforts intérieurs se propagent plus ou moins loin, suivant une loi à déterminer, en fonctions du coefficient d'élasticité, ou peut-être de la valeur R de la charge de rupture, que les rapports ci-dessus semblent suivre de plus près ; mais cette détermination exige des mesures extrêmement délicates, l'emploi d'appareils spéciaux que nous n'avons pas encore eus à notre disposition.

Rappelons encore les coïncidences remarquables entre les indications générales de la théorie, confirmées par la pratique des constructions, et les observations faites sur nos règles de verre, pour la position des efforts tranchants minima et des moments fléchissants maxima, notamment dans les cas de deux travées uniformément chargées, avec ou sans encastrement.

Ces faits semblent militer suffisamment en faveur de la généralisation que nous avons proposée, et des renseignements précieux que nous avons prétendu transporter dans le domaine de la pratique.

La Mécanique, ou tout au moins la Résistance des matériaux, s'attarde peut-être dans des spéculations analytiques appuyées sur un trop petit nombre de faits, anciennement observés ; à l'exemple des autres sciences, ses émules, il est temps d'en assurer et d'en élargir les bases, en les consolidant par l'appoint d'éléments nouveaux.

La polarisation nous offre un moyen précieux d'entrer plus avant dans cette observation intime de phénomènes jusqu'ici peu connus ; la nouvelle méthode expérimentale que nous recommandons, récèle les ressources les plus précieuses, que nous serions heureux d'avoir fait entrevoir.

Paris. — Imp. E. Capiomont et V. Renault, rue des Poitevins, 6.

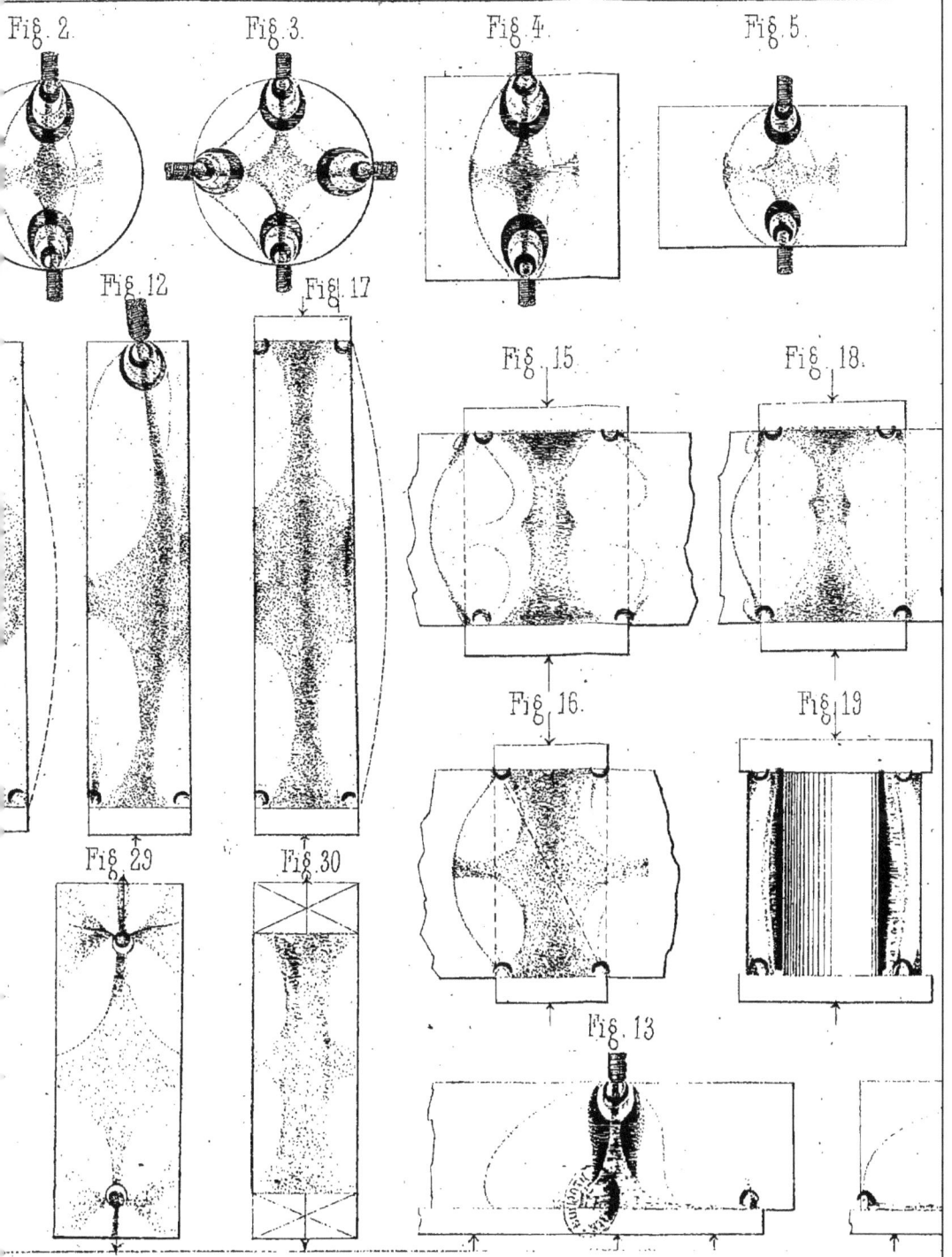

Fig. 2.

Fig. 3.

Fig. 4.

Fig. 5.

Fig. 12.

Fig. 17.

Fig. 15.

Fig. 18.

Fig. 16.

Fig. 19.

Fig. 29.

Fig. 30.

Fig. 13.

COMPRESSION ET EXTENSION

Pl. 135.

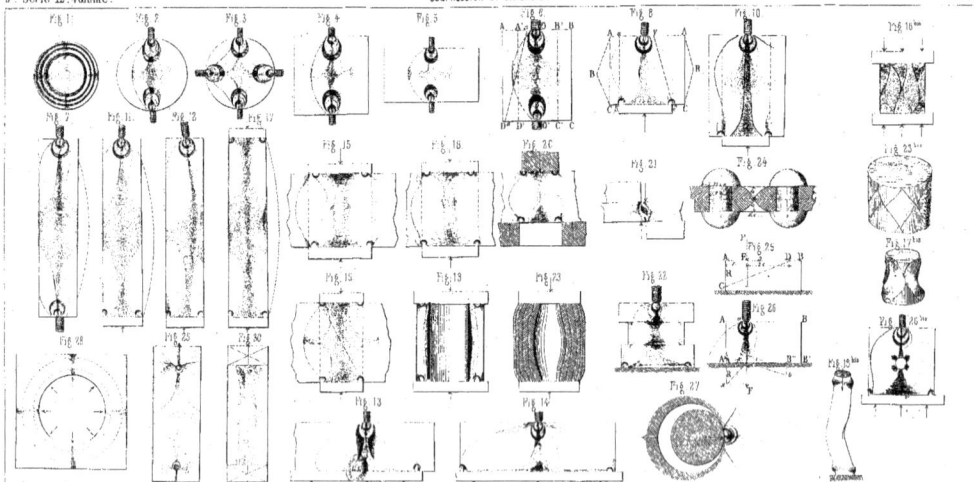

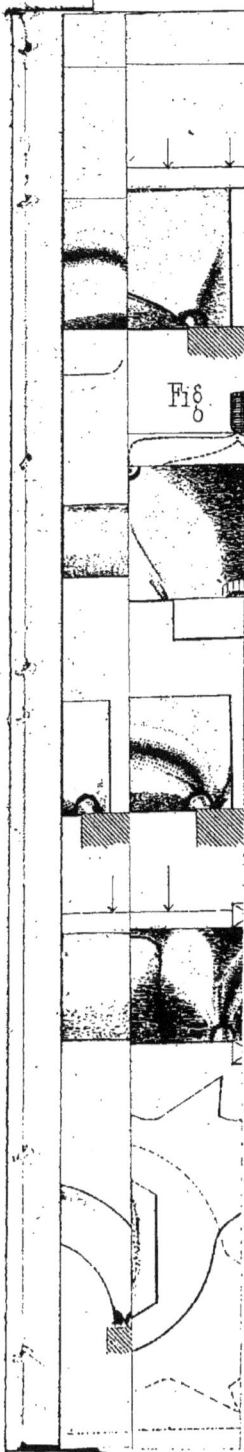

Fig.

www.ingramcontent.com/pod-product-compliance
Lightning Source LLC
Chambersburg PA
CBHW030932220326
41521CB00039B/2144